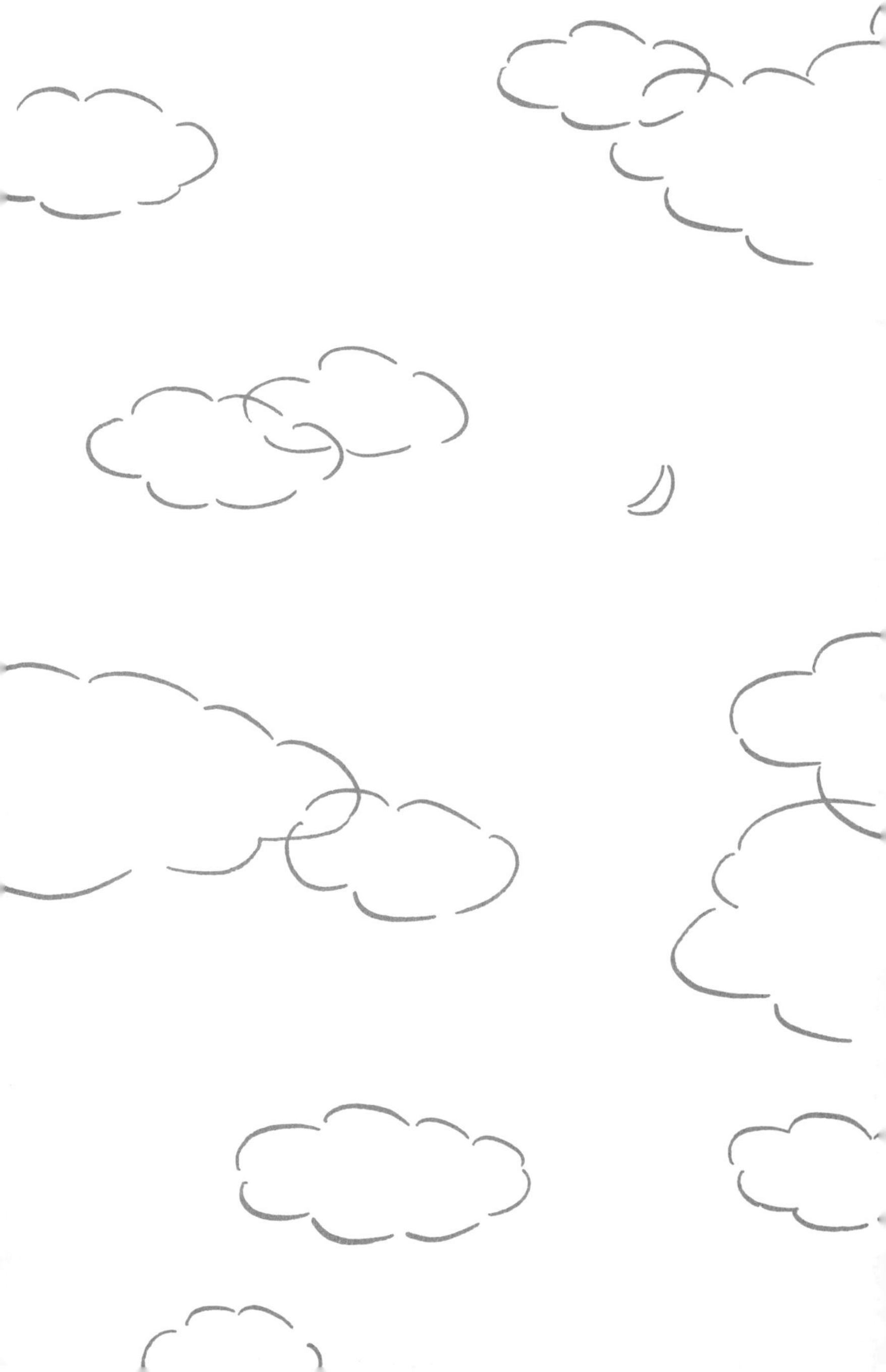

ワンルームから宇宙をのぞく

久保勇貴

太田出版

はじめに

例えば、遥か遠くの星に住む宇宙人たちにも生活がある。

その宇宙人は緑色の肌をしていて、平均身長が3メートルあるかもしれない。けれど、たぶんそんな彼らもパジャマのままこっそりゴミ出しに行くことがあるし、たぶん公共料金の支払いを後回しにしたり、絶対に捨てちゃいけない保証書をうっかり捨てたりしてしまうことがある。彼らの住む星には酸素がほとんどないかもしれないし、昼の空はピンク色で、夜の空には月が2つ浮かんでいるかもしれない。地球よりもずっと科学技術が発達していて、月面基地まで旅行に行けたり、数光年離れた隣の星と文通できたりもするのかもしれない。けれど、そんな星にだってたぶん、どうしようもなく生活がある。重力の底にはいつだって生活が滞留し、対流している。

　宇宙工学の研究をしていると、宇宙人を見るような目で見られることが結構ある。銀ピカの機械を操作しながら、ごちゃごちゃした数式をこねくり回し、エクストラホイップダークモカチップクリームフラペチーノみたいな長い専門用語を使ってしゃべっているから、どうしても別の世界の生き物だと思われてしまうのだろう。

　だけど、やっぱりここにも生活がある。朝は遅刻の寸前まで起きられなくて、洗濯物はつい容量の限界まで溜め込んでしまっていて、1年以上切れっぱなしの電球を2、3個放ったらかしにしている。楽しい飲み会ほど帰りの電車が寂しくて、うるさい音を出すバイクを心から憎んでいて、つみたてNISAはおそろしい。NASAよりおそろしい。そういう生活が、やはりある。

　それはつまり、地球と宇宙とは実はそんなに違わないということでもある。

地球が宇宙と全然違う空間であるように感じるのは、大気の濃さや磁場の強さが違うからであって、実はその間に物理的な境界というのは存在しない。高度を上げるほどだんだん大気が薄くなって、それがある程度薄くなる高度100キロメートル以上を便宜的に宇宙と呼んでいるだけだ。宇宙に一歩足を踏み入れたら、突然真空になるわけではないし、突然無重力になったり、突然放射線が飛んできたりするわけでもない。地球と宇宙とで空間自体の根本的な性質が異なるわけではなくて、それらは連続した一つの空間である。だから、地球の外に宇宙があるというよりも、地球はそのまま宇宙である。

地球が宇宙であるように、宇宙人にも生活があるように、宇宙工学の研究者にもまた生活がある。生き物としての命を繋ぎとめながら滞留し、社会と擦れ合いながら対流する、重力の底を這うような生活がある。

ワンルームで、かれこれ10年間一人暮らしをしてきた。2回の引っ越しを経て、今の部屋には6年近く住んでいる。どの部屋も一人で暮らすには過不足のない間取りだったけれど、生活はいつでも何かが足りないように思えて、その度に、足りない何かを言葉で満たそうとしてきた。それは、ぐしゃぐしゃの紙玉みたいだった。プチプチ君をくれない安い引っ越しの時に、要らないチラシやルーズリーフを丸めて作る、紙玉みたいだった。いい加減に丸めた紙玉だったけれど、どれもその時の自分にはどうしても必要なものだった。壊れてしまったものは元に戻せないから、安い引っ越し業者はそれを補償してくれないから、自分を守るためにどうしても隙間を埋める必要があった。

ある日、ふとそのぐしゃぐしゃの紙玉を一つ広げてみると、そこには結構、面白いことが書いてあった。情けないことや恥ずかしいことばかり書かれていたけれど、思い切って誰かに見せてみたいと思った。二つ、三つと紙玉を広げては丁寧にシワを伸ばし、ぐしゃぐしゃな言葉の欠片を読み解き、パズルのように組み合わせてみた。そうすると、文章になった。そういう文章が、この本には書かれている。

だから例えば、宇宙の果てが一体どうなっているのか、この本は答えることができないと思う。地球上の生命が何のために生まれたのか、答えることができないと思う。どうすれば重力の底から抜け出せるか、教えてあげられないと思う。けれど、どこかの誰かの生活の隙間を埋めることはできる。ちぎって丸めて詰め込んで、ぴたりと寄り添うことはできる。壊れてしまいそうな時に、ふんわりとその慣性を抱きとめることはできる。

だって、地球は宇宙だから。地球が宇宙であるように、このワンルームでの生活はどこかの誰かの生活でもあるはずだから。この部屋も、隣の部屋も、職員室もロッカールームも、広大な宇宙と同じ物理法則に支配された一つの空間であるはずだから。

目次

ワンルームから宇宙をのぞく

ワンルームには、天動説がよく似合う。

部屋の東側、空色のカーテンをぶら下げた窓に太陽が朝を届ける。宇宙の中心であるこのワンルームのために世界が回り始める。ワンルームの朝を気持ち良く演出するために、起鳥たちがチュンチュンピロピロさえずりだす。ワンルームでの快適な目覚めのために、起床予定の30分前にエアコンが室温を整え始める。そのエアコンのふもと、空調の風が最もよく当たる位置に白いデスクがある。宇宙の中心であるワンルームの、その生活の中心である、白いデスク。その白いデスクで、オートミールとプルーン一粒、糖質60%カットのヨーグルトを食べる。なかやまきんに君がYouTubeで紹介していた、完璧な朝食。完璧な朝。世界は、このワンルームのために回っている。

その、宇宙の中心であるワンルームの白いデスクで、僕の研究が始まる。ノートパソコンには、コンピュータ上でシミュレーションされた宇宙機の運動を示すグラフが表示されている。人工衛星や宇宙探査機などをいかに上手に制御するかを研究する学問、宇宙機制御工学が僕の専門領域だ。

「宇宙工学を研究しています」と言うと、すごい研究してんねえ、なんて驚かれることが多い。そんでもって、「最近はずっと家で研究しています」と言うとさらに驚かれることが多い。たしかに宇宙というととてつもなく広いイメージがあるし、宇宙工学というとバカでかいロケットとか銀ピカ巨大マシーンのイメージがあるだろうから、こぢんまりと一人暮らしのアパートで研究している姿なんてあまり想像できないのだろう。

もちろん分野によっては派手な実験装置を使って研究をすることもあるけれど、案外僕のようにノートパソコン一つで宇宙工学の研究をしている人も多い。「普段ワープロとGoogleしか使いません！」という人にとっては、ノートパソコン一つで宇宙工学の研究ができるなんて、結構驚きかもしれない。

実際にどうやっているかというと、例えば宇宙機を目的地まで正確に飛ばす方法を考える軌道制御という分野では、宇宙機の運動や制御入力を数学的に方程式化して、その方程式をパソコンで解いて制御がうまくいくかどうか確認するということをやっている。「パソコンで計算ってどうやるんだ！」「電卓でやれというのか！」と不安な人も、安心してほしい。今どきはオープンソースのプログラミングソフトがたくさんあるので、ちょこっとプログラミングコードの書き方を覚えれば、ほとんどの計算は誰でもタダでできてしまう。簡単な計算ならエクセルでだってやれなくもない。

もちろん数学や制御工学の知識については教科書で一生懸命勉強する必要はあるのだけれど、道具に関して言えば、おうちにあるそのワープロ・Ｇｏｏｇｌｅ専用パソコンでも今すぐ研究を始められてしまうのだ。「軌道力学　シミュレーション」なんかで調べてみると入門用のウェブページがいくつか出てくると思うので、気が向いたら実際に体験してみると面白いと思う（＊1）。自分のパソコンで計算した宇宙機の軌道を初めて見た時は、自分の目で宇宙の真理をのぞいたような感覚があるかもしれない。

コンピュータシミュレーションは、研究分野によっては万能な手法ではない。例えば、飛行機のように空気中を飛ぶものだと、機体やジェットエンジンの周りの空気の運動が非常に複雑なので、そもそも運動を方程式として正確に表現するのが難しい上に、立てた方程式もコンピュータでうまく解くには相当な工夫と高い計算能力が要る。なので、シミュレーションがきちんと実世界の運動を再現できているかを逐一実験で確認するというプロセスがどうしても必要になる。その点、宇宙機の制御はコンピュータシミュレーションとは相性が良い。宇宙機は空気も何もない宇宙空間を飛ぶので複雑な運動をする要因が少なく、ほとんどの運動はニュートンの古典的な方程式にかなり良い精度で従うからだ。

宇宙での物体の運動というと、とんでもなく難しい方程式を解くようなイメージがあるかもしれないけれど、少なくとも宇宙機の制御という点では高校の物理で習う方程式でもそこそこ太刀打ちできてしまうものなのだ。これまた結構驚きかもしれない。

また、コスパの観点で見てもシミュレーションは宇宙工学と相性が良い。実際、宇宙空間に機械を飛ばして実験をしようと思ったら1キログラムあたり100万円というとんでもない打ち上げ費用がかかるのに対して、シミュレーションは必要機材がおうちのパソコン一つという抜群のコスパを誇っている。さらにさらに言うと、実際の宇宙機は打ち上げ後に故障したら、基本的に二度と修理しに行けないという大きな制約が課せられることを考えても、失敗したら何度でもやり直せるシミュレーションはとっても有用な道具だと言えるだろう。

そういうわけで、僕の研究は多くの場合パソコン一つで完結してしまう。ワンルームの白いデスクにA4サイズのノートパソコンを広げ、今日も一人黙々と研究をする。大がかりな道具は要らない。何度失敗したっていい。思いついたアイディアがうまくいくことなんて滅多にないけれど、それでもパソコンに向き合い続け、そうこうしているうちにあっという間に日は暮れていく。それが、今の僕の生活だ。

ワンルームには、天動説がよく似合う。

部屋の西側、外の世界との境界線である玄関には、窓がないかわりに小さなのぞき穴がある。太陽は半日のうちに西側へと移動して、すると、そののぞき穴を通った陽光がこのワンルームに光の筋を落とす。薄暗い廊下にその筋がぼんやりと見えるのは、きっと宙に舞ったホコリがその光を散乱させるからだ。だからそれは、宇宙の中心であるこのワンルームのわずかな綻びだと思う。

奈良に王朝があった時代には、世界の中心である大和から見て西側の果てに位置する出雲は、死の世界だと捉えられていたらしい。日の没する方角はつまり、死のイメージと直結している。だから、宇宙の中心であるこのワンルームの西側に位置する玄関もまた、死の象徴としてそこにあるのだと思う。

幼い頃から、死ぬのがこわくてたまらない子供だった。風邪で熱を出した時に必ず見る夢、オレンジ色の常夜灯だけをつけた薄暗い部屋で、微動だにせず布団に横たわる自分自身を斜め上から永遠に眺め続ける夢。夢を見ている時間はせいぜい数分ぐらいなのに、何百年も何千年もずっとそのまま眠り続けてきたような気がして、けれども周りには誰もいなくて、ずっと寂しくて、ずっと薄暗くて、そんな夢。その夢が、たまらなくこわかった。

僕が死んでも、僕に関係なく世界は回り続ける。世界は変わらず回って、僕は誰にも会えない、何も聞こえない、何も分からない、分からないということすら認識できない、と、いうことさえも認識できない、そんな真実の虚無のおそろしさを、僕は感じた。生まれて初めて、死というものの恐怖を体感した瞬間だった。もちろん言語化なんて到底できない幼稚園児には、ただなんとなくこわい夢を見たと、びゃんびゃん泣き喚いてみるしかなかったように思う。

古代から中世にかけて東洋、西洋、ありとあらゆる文明における世界観は決まって天動説に基づいていた。世界の形に関しては、巨大な亀さんの背中に地面が支えられているだとか、巨大な天球の入れ物の真ん中に地面が浮いているだとか、いろいろな説があったようだけれど、自分たちの住む世界が中心であるということに関しては、世界中誰も疑うことがなかったらしい。たぶん、生まれた時ってそうなんだろう。誰もが、自分こそがこの世界の中心であるということを疑わない。きっと、僕もそうだったんだろう。

だからこそ、死は途方もなくおそろしいことだった。僕は世界の中心ではなくて、僕が死んでもそんなことには関係なく世界は回り続ける。こんなにも僕の命はかけがえがなくて、なのに、世界にとってはほとんど何の価値もない。そしてその事実は、僕の頭の中では宇宙のイメージと重なっていたように思う。何千年も何億年も存在する宇宙。僕が死んで、人間がみんな死んで、太陽が寿命を迎え、地球が壊れた後もなお延々と存在する宇宙。僕にとっての宇宙の原像は、そういう死の永遠の孤独を想起させるものだった。そしてどういうわけか、それが魅力的にも見えてしまった。こわいもの見たさともまた少し違う独特の引力を感じながら、いつの間にか僕はそのおそろしい宇宙を仕事場とする道を歩むことになった。

ワンルームの陽が落ちる。日の没する方角に位置する玄関ののぞき穴が、ひんやりとこちらを見つめている。世の中もそうだ。死の象徴である玄関をひとたび開けば、世の中はおそろしい。おそろしい病気が蔓延していて、人はおそろしい、人間関係はおそろしい、社会人になるのはおそろしい、地下鉄に乗ることも、お金を稼がなければ生きていけないことも、大好きな人と話をすることも、愛も恋も、高いところも狭いところも、学級会も中間テストも、ていねいな暮らしもインスタグラムも何もかも、おそろしい。自分にとって他人がどうでもいいように、他人にとっては自分もまたどうでもよくって、そのように、他人にとっては自分の死もまたどうでもいい。ワンルームを出れば、もう自分は世界の中心ではない。そんなだから、世の中はおそろしい。

おそろしいものに手を伸ばすことは、こわい。だって、こわいもん。ああこわいこわい。こわいけれど、宇宙の中心であるこのワンルームからなら、少しだけ目を向けられるような気もする。パソコン一つで宇宙の真理をのぞけるように、このワンルームからなら、おそろしいものにも少しだけ向き合ってみることができるような気もする。向き合うことで僕らは、そのおそろしいものを実体のある対象として見ることができる。対象として見れば、対処できる。

だから僕は、文章を書く。ワープロソフトを開いて、パソコン一つで世界のおそろしさに触れようとする。大がかりな道具は要らない。何度失敗したっていい。モニャモニャした感情を的確に文章にすることはとても難しくて面倒なことだけれど、それでもパソコンに向き合い続け、そうこうしているうちにあっという間に夜が深まっていく。それが、今の僕の生活だ。そういうことを書きたいなあと思う。そういう生き方をしたいなあと思う。

ワンルームを出ると、まばらに星が現れた。階下で、ほぼ同じタイミングで誰かが玄関を閉める音がした。ばったり会って挨拶しなきゃいけないのもなんだかめんどいので、少しゆっくりと階段を降りる。降りる時、階段のインコース側にやや体を寄せると、ちょうど廊下の蛍光灯が視界から隠れる。明かりが視界から隠れると暗闇に目が順応するので、少しだけ星が明瞭に見えるようになる。だから、ゆっくりゆっくり階段を降りる間に、星明かりがだんだんと明瞭になっていく。

地動説の誕生は、僕らの世界を特権的な地位から引きずり下ろすと同時に、広大な宇宙の下での人間の平等を唱える思想へと繋がったらしい。だとすれば、僕が世界の中心でないからこそ、僕の目もこうして平等に暗闇に順応できているのかもしれない。世界の中心でないからこそ、星明かりは僕の下へも平等に降り注ぐのかもしれない。だとすれば、それが本当だとすれば、世の中って本当におそろしいものなのかなあ。

階下の住人が階段を降りる音が遠くなる、なるがなおも、僕はゆっくりと階段を降り続けている。頭上に見えるおうし座のアルデバランは、地球から65光年離れている。だから、僕が今アルデバランを見上げている映像がアルデバランに届く65年後には、僕はもうこの世にはいないのかもしれない。大好きな人も、家族も、友達もみんな、みんないないかもしれない。そして、そんなことにはやっぱり関係なくこの宇宙は当たり前の顔をして存在し続ける。それってやっぱりおそろしいことだよなあ。ああおそろしいおそろしい、けれどゆっくりと、僕は階段を降り続けている。宇宙の中心であったワンルームが一歩ずつ僕から遠ざかっていく。こわいもの見たさともまた少し違う独特の引力を放ちながら、なおも星明かりは律儀に平等にその輝きの明瞭さを増し続けていた。

だからもう少し、もう少しだけこうしていたいと、僕は願った。

＊1　僕の先輩である軌道制御のエキスパート・尾崎直哉さんが紹介している記事がおすすめ。「Pythonを使って人工衛星の軌道を表現する～軌道6要素、TLE～」https://sorabatake.jp/23655/

あの日、宇宙人になれなかった僕へ

小学生の頃、僕は宇宙人になりかけたことがある。

あれはインフルエンザにかかった日の夜のことだった。深夜、突然僕は布団からむくりと起き上がると、家の天井を見つめながら得体のしれぬ言葉をベラベラとしゃべり始めたのだ。ちょうどインフルエンザ治療薬タミフルによる異常行動がよくニュースになっていた頃だった。

「勇貴が宇宙語をしゃべっている」

父ちゃん母ちゃんは光の速さで飛び起き、目の前の光景が現実か夢の続きかも定かでないまま、とにかく僕の肩を揺さぶり必死で名前を呼び続けたらしい。僕はそんな心配をよそに一人、虚空に向かってニヤニヤと笑みを垂らしながら、ネイティブばりに流暢な宇宙語で、宇宙との交信を続けていた。いよいよその映像が夢ではなく現実のものだと確信した時、母ちゃんは「ああ、うちの子はもうこのまま一生まともに口を利けないかもしれない」と静かに覚悟したという。

僕はというと、呑気なことにほとんど何も覚えていなくて、唯一記憶に残っているのはオレンジ色の常夜灯に照らされた天井がゆらゆらと揺れている映像と、遠くの方で微かに鳴っている聞き覚えのない叫び声、そしてその叫び声が徐々にクリアになっていって耳に飛び込んできた、「勇貴！　ポカリスエットを飲みなさい！」という父ちゃんの変な命令だけだ。その瞬間、僕は唐突に地球語を呼び醒まし、「あ、そうだそうだ。ポカリスエット飲まなきゃね」と何事もなかったかのように首を正常な角度に戻して、グビグビ飲み始めたのだった。どこまでも能天気な僕とは対照的に、両親がしばらく放心状態であったのは言うまでもない。

その事件がきっかけなのだろうか。僕は空を見上げることが好きだ。

バシャンと勢い良く飛び込んでバタフライしたくなるような青空を、涙の色と汗のにおいに鋭く共鳴する夕焼けを、見ているこちらが恥ずかしくなるぐらいフレッシュな新緑の照り返しを、都会の湿っぽい空気をひらひらとくぐり抜けてくる星の光を、僕はあの時と同じようにニヤニヤと笑みを垂らしながら眺める。口を開けたまま空を見上げてニヤニヤしている成人男性。宇宙語をしゃべっていなくても、道行く人にはこいつは宇宙人なのではないかと疑われているかもしれない。

空を見上げる時、僕は光に意識を向ける。ふと足をよどませ、生活の流れに埋もれてしまった光をグイッと引っぱり上げて、一つ一つの光源との距離感を適切に測り直し、宇宙における僕というちっぽけな生命の立ち位置を再確認する。2メートル離れた街灯、10キロメートル離れた飛行機のナビゲーションライト、38万キロメートル離れた月、1億5000万キロメートル離れた太陽、80兆キロメートル離れたおおいぬ座のシリウス。その時、僕はいつも、宇宙の圧倒的な空間の広がりの前に溺れそうになる。溺れそうになりながら、ニヤニヤしている。時にあまりに無力なこの命を、正しい感覚で無力だと実感できるその時間が好きで、自然と口角がゆるんでしまう。

だから、研究室の窓が好きだ。眺めの良い7階の研究室の、無駄に大きな西向きの窓。僕は毎日この大きな窓が切り取る西の空を眺めながら、研究に励んでいる。あの時、宇宙人にはなれなかったけれど、十数年の時を経て僕は宇宙工学の研究者になった。

宇宙機制御工学は、宇宙空間で確実にミッションを達成できるような宇宙機の動かし方を設計する学問だ。例えば軌道制御という分野では、極限まで燃料を節約し、効率良く目的地に行くためには、どのタイミングに打ち上げてどうエンジンを噴射すべきか、天体の持つエネルギーをうまく利用して加速できないか、ということを日々考えている。

特に僕の研究の一つでは、太陽光圧というものに注目している。太陽光圧。太陽の光の圧力。そう、普段の僕らには全く認識できないくらい微弱な力だが、実は光を受けた物体はその面をちょこっとだけ押されるのである。ボールを体にぶつけられたらその進行方向に力を受けるのと同じく、光子という粒々の集まりである光をぶつけられたら物体はやはりその方向に力を受けるというイメージだ。僕も、あなたも、レオナルド・ディカプリオも、光に当たる度にほんの少しだけ押されている。レオナルド・ディカプリオ（身長18

3センチメートル・体重80キログラム）の推定有効表面積は2平方メートル、地上での太陽光圧は約3マイクロパスカルなので、ディカプリオの背中にまっすぐ太陽光が当たっているとすると単純計算で約3マイクロニュートンだけ太陽から背中を押される計算になる。1円玉の重さの約3000分の1の大きさの力だ。大スター・ディカプリオにとっては何の後押しにもならない力だが、宇宙空間では他にぶつかるものが何もないので、そんな微弱な力もうまくコントロールすれば宇宙機の燃料節約に非常に有用なのである。

僕はこの事実が好きだ。太陽の光は、その温かな陽射しで精神的に僕を支えているだけでなく、物理的にもささやかに背中を押してくれている。自分がどうしようもないダメ人間だと落ち込んでしまう時、僕はいつもこの事実に励まされる。プチトマトを冷蔵庫に半年間放置して悪魔の国のドライフルーツのような物体を生み出してしまった時、美容師さんの全ての質問に「テキトーで」と返事していたらテキトーに育てられた茄子のような髪型にされてしまった時、酔った勢いで放り投げたと思われる焼きししゃもをベッドの下から発掘してしまった時、そしてそれ以来友人が僕の家を「釣り堀」と呼ぶようになってしまった時、自分はなんと情けない人間なのかと立ち尽くしてしまうけれど、それでも新しい陽がのぼるとなぜだかもう一度前を向いて歩き出せる。そのとき僕は、1億5000万キロメートルの彼方から一直線に僕を目がけて光線を放つ太陽の姿を想像する。そしてその光線の光子たちがせっせと僕の背中を押してくれている画を想像し、その一粒一粒に愛着を湧かせてしまう。そうして太陽の光は、僕に愛情と自信をさりげなく思い出させてくれるのだ。

神は「光あれ」と言われた。すると光があった。神はその光を見て、良しとされた。神はその光とやみとを分けられた。［創世記 1章3－4節］

光があるところには、やみがある。だから小さな光を見失わないためには、やみにしっかりと目を向ける必要がある。僕はその時、一枚の絵のことを思う。フランスのトゥールーズで見た、ポール・シニャックの『サン＝トロペの鐘楼』という絵。サン＝トロペの教会を照らす光と水面の煌めきのやさしさにうっとりしてしまうこの作品。しかしよくよく目を凝らしてみると彼が丹念に描いているのはむしろ色鮮やかで活き活きとした陰の方なのである。控えめに街を照らす淡い光と、それを裏で支える虹色の陰。シニャックは陰をとことん美しく描くことで、そこに光を生み出している。

Ｔｗｉｔｔｅｒを開くと今日もたくさんの人が仕事に疲れ、人間関係に疲れ、怒り、泣き、病み、愚痴をこぼしている。「仕事　つらい」と検索すると、この1時間で75人がツイートしていた。48秒に1人、文脈を変え言葉を変えてつらみにつらみを積み重ねていく。そして誰かがそれを見て「あいつはメンヘラだ」「陰キャだ」「病んでる」と横槍を入れる。つらみ、めんへら、いんきゃ、やみ、つらみ。つらみバーガーが出来上がる。人差し指でひょいっと画面をはじくと、つらみバーガーはひゅるりと流されていって、また別のつらみバーガーが流れてきた。

「ビッグセットワン！　バナナシェイク！　プリーズヘルプミー！」

サンドウィッチマンのハンバーガー屋のコントが頭をよぎる。「いや、なんで助け求めてんだよ！」とすかさず脳内で伊達ちゃんがツッコミを入れる。

なんで助けを求めるんだろう。なんでつらみを吐き出すんだろう。たぶんそれは、もう一度前を向いて歩き出すためだ。自分の中のやみを見つめ、吐き出し、また明日も学校に行く、仕事に行く。やみに目を向けることは、光を見失わないようにすることだ。そんな人間のひたむきな営みの負の側面だけを見て、「あいつはメンヘラだ」と切り捨ててしまうのは、あまりにもったいないと僕は思ってしまう。やみと向き合い、時に呑み込まれそうになりながら、それでも前を向こうとする彼らのその背中を少しでも押せたらいいのになあなんて思いながら、今日も僕はつらみバーガーをただ指でひょいひょいはじいている。

文章にできることは何だろう。YouTubeが流行り、VRやARが発明されたこの時代、文章という単純で古典的なメディアが持つ意味は何なんだろう。

思うに、文字は光子だ。

文字が画面や紙面の上に貼りついて動くことのない文章というメディアでは、僕らはその一文字一文字の存在をより確実に認識することができる。動かず、流されず、いつまでもそこに存在する文字たち。その文字一つ一つが読む人の心をちょっとずつ動かしていき、やがて文章は人を動かす大きな力になる。文章は、光なのだ。せっせと働くその文字一つ一つを大事にそこに存在させ、彼らに自然と愛着を湧かせてくれる、それが文章というメディアの大きな価値だと僕は思う。

Ｔｗｉｔｔｅｒを見ながら考える。なんでもない文字、なんでもない言葉を集めて、前を向こうとする人の背中をふんわりと後押ししてくれるやさしい光を描きたい。それはシニャックの絵のように、光を裏で支えるやみをどこまでも鮮やかに、軽快に描くことだと思う。そんな文章を書けたらいいなあ、とぼんやり思っている。

そういえばあの日。宇宙人になれなかったあの日。僕は穏やかな日常が着々と取り戻されていくことがちょっぴり残念だった。あの夜を過ぎてからは嘘みたいに何事もなくインフルエンザは治り、外出禁止が解けると、再び平凡な地球人小学生としての学校生活が始まってしまった。学校では僕はインフルエンザで休んでいた大勢のうちの一人としてしか認識されない。流暢にしゃべっていたという宇宙語は一単語も思い出せない。僕に訪れたあの一夜の非日常は、あっという間に広大な宇宙に溶けてなくなってしまった。つまんないなあ、つまんないなあ、と鉛筆を削っていた。とっくに尖りきった鉛筆を、いつまでも未練がましくジョリジョリ削っていた。

あの日、宇宙人になれなかった僕へ。それでも世界は良いところです。平凡で退屈なことばかりだけれど、しっかりと目を向ければ美しいものがたくさんあります。そういうものに、これからたくさん出会います。残念ながら宇宙人にはまだなれていないけれど、地球人でいるのも案外良いものです。地球人だからこそ広大な宇宙にどこまでも圧倒されることができて、今にも壊れそうな自分という生命の存在をより強烈に感じ取ることができます。だからどうかお願いです。プチトマトを冷蔵庫に放置しないでください。美容師さんの質問には真面目に答えてください。何があっても焼きししゃもを投げないでください。お願いします。大変困っています。

眺めの良い7階の研究室の、無駄に大きな西向きの窓。その窓が切り取る青空を、僕は相変わらず眺めている。いつもより大げさにニヤニヤと笑みを垂らしながら、馬鹿みたいに口を開けて眺めている。薄く水を張った25メートルプールみたいな静かな青にヒコーキ雲が一閃突き差さった2月の空を見上げて、僕はポカリスエットのことを思い出していた。宇宙人になれなかったあの日、無心で飲んだあのポカリスエットのことを思い出していた。

ガウスびっくり、
僕らぐんにゃり

１９０５年、スイス特許庁で働いていた無名の青年が突如として三つの論文を立て続けに発表した。その論文にはそれぞれ、当時の物理学界に革命を起こす画期的な理論が記されていた。量子力学の発展のきっかけとなった「光量子仮説」、統計物理学の基礎となった「ブラウン運動の理論」、そして特に斬新であった「相対性理論」は、当時大学側から博士論文としての受け入れを拒否されたほど革命的であったという。この衝撃的な出来事が起きた１９０５年は「奇跡の年」と呼ばれ、いまや伝説となっている。若きアインシュタイン、当時26歳のことである。ん……待て。当時26歳……？

年下やないか。

ああ、そうですか、その歳で……ね。分かったよアインシュタインくん、君は天才だ。ベロでも何でも好きなだけ出していなさい。僕は僕で地道に研究を頑張るから。

相対性理論といえば、今や多くの人が「高速で動くと時間が遅れる」「光の速さは不変」「$E=mc^2$」あたりの面白い話をちらっと聞いたことぐらいならあるだろう。ただそれらの話は相対性理論の中でも「特殊相対性理論」と呼ばれる限られた範囲の理論で説明されることがほとんどだ。「特殊」ではなく「一般相対性理論」の方が理論的には美しいので僕は好きなのだけれど、いかんせん使う数学がめちゃめちゃ難しいので、一般的にはなかなか説明されることが少ない。

とはいえ、僕の好きという気持ちが抑えられないので、ちょっとだけ一般相対性理論の重力場の方程式を見てみよう。（※どうしても数式を見ると吐き気と尿意が止まらなくなるという体質の方がいたら4段落飛ばして「まあ要するに、」でまたお会いしましょう。）

次図の枠で囲んでいるものがこの式の主役だ。テンソル……？　リッチ……？　富豪なの……？　と早速われわれ庶民はお呼びでないオーラを放っているが、ざっくり理解しよう。

$$\frac{8\pi G}{c^4}T_{\mu\nu} = R_{\mu\nu} - \frac{1}{2}g_{\mu\nu}g^{\rho\sigma}R_{\rho\sigma}$$

$T_{\mu\nu}$ エネルギー運動量テンソル

G 万有引力定数

c 光速 (=秒速30万 km)

$R_{\mu\nu}$, $R_{\rho\sigma}$ リッチテンソル

$g_{\mu\nu}$, $g^{\rho\sigma}$ 計量

アインシュタインの重力場方程式

左辺の「エネルギー運動量テンソル」は、物体の質量と運動の勢いを表している。質量を表すものなのにエネルギーという名前が付いているのは、例の E=mc^{2}という式を見れば「質量（m）はエネルギー（E）に置き換えられるのじゃ」とアインシュタインおじさんが言っているからだ。

対して右辺の「計量」というものは時間と空間を合わせた4次元の長さを測る物差しのようなものだ。「リッチテンソル」の中身も実はこの計量だけで書き表せるので、右辺は全て「物差しの長さの変化」についての式になっている。その他、Gとかcは全部定数なのであまり気にしなくていい。あと、上とか下についてるμとかνとかの文字も、式番号を表しているだけなのであまり気にしなくていい。なんとなく庶民にも分かる気がしてきた。

質量や運動の勢い　　　　物差しの曲がり方

$$\underbrace{\frac{8\pi G}{c^4}}_{\text{定数}} T_{\mu\nu} = R_{\mu\nu} - \frac{1}{2} g_{\mu\nu} g^{\rho\sigma} R_{\rho\sigma}$$

質量が **存在する** または **運動している** ⇨ 空間と時間が**曲がる**

しかし「なんだ、意外に簡単そうな式じゃん」と思った庶民に残念な知らせがある。上の式では簡単にまとめられているが、このリッチテンソルの中身を全て書き下すと、実は計量の変化を表す項が７００個ぐらい複雑に入り乱れたとんでもない式になる。ネットで調べたら出てくると思うので、見るもおぞましい数の計量たちの狂喜乱舞をぜひ一度目の当たりにしてみてほしい（＊1）。物差しの神に祟られたらこういう悪夢を見ると言い伝えられている。

まあ要するに（おかえり）、このアインシュタインの重力方程式は、質量を持つ物体が存在していたりそいつが運動していたりすると（左辺）、それに応じて時間と空間の４次元世界の物差しが曲がりますよ（右辺）ということを数式的に表現しているのだ。アインシュタインは、物体は重力という力で進行方向を曲げられているのではなく、曲がった空間を真っすぐ進んでいるから曲がっているように見えるだけだと言っているのだ。

例えば紙にまっすぐ直線を書いたとしても、その紙自体が曲がっていたら3次元世界の僕らから見れば曲がって見えるよね、というようなイメージだ。「高速で動くと時間が遅れる」という特殊相対性理論の話も、「時間の物差しが曲がる」という意味でこの式に含まれている。

この世の中のあらゆるものは、ほんの少しずつではあるけれど周りの世界を曲げている。そいつが動くと、その運動によってさらに曲がりは大きくなる。かくいう僕らも、僕ら自身の質量や運動によってほんの少しだけ自分の周りの空間を曲げていて、しかもその曲がりによってさらに自分の運動が影響を受け、また曲がり方が変化する……という複雑なバランスの中に生きている。空間という固定された入れ物の中に僕らがポツンと存在しているのではなく、僕らの存在と周りの世界は常にお互いに影響されあいながら成り立っているのだ。なんだか空想のお話のように聞こえるけれど、たしかに最先端の望遠鏡観測などによると、このアインシュタインの理論は今のところ正しいらしい。

でも、言われてみればたしかに僕らの世界は曲がっているのかもしれない。人間が存在して、その人たちが集まって、ルールができて、一つの世界が生まれる時、その世界は既に曲がっている。歴史上の偉人が印刷された紙切れで商品を買える世界、関西に生まれたという理由だけで阪神タイガースの勝敗に一喜一憂する世界、エタノール入りの飲み物を一番多くイッキ飲みした人間が尊敬される世界、金曜ロードショーの特定の回にだけ異様に強い団結力で「バルス」とつぶやく世界、透明なビニールカーテンを間に挟んでTポイントカードのやり取りをする世界。なんだかねじ曲がった可笑しな世界なのかもしれない。

曲がっていること自体に良い／悪いということはたぶんないんだろう。むしろ曲がっているからこそ、その曲がりを原動力として世界は前に進んでいる。そしてそれぞれに固有の曲がり方があるからこそ世界は面白くて、愛らしいようなところもある。

ところで、自分が今いる世界が曲がっているかどうかを知ることはできるのだろうか？

これは実は数学的には面白い問いになる。例えば、地球が平面ではなく曲面だと知るには、海に行って水平線の曲がり方を見るとか、人工衛星から写真を撮るとかすればいい。そんな感じで、2次元の曲面を3次元の立場で俯瞰できるなら話は簡単だ。しかし、アインシュタインが言っているのは、僕らが生きている4次元の世界自体に曲がりがあるということだ。5次元世界のような神の視点で俯瞰することなく、その曲がりを知ることができるか？　となるとなかなか難しい話になる。曲がっている世界の中にいる自分の物差しも曲がっているので、普通に生きていれば、まさか自分の世界が曲がっているだなんて思いもしないというわけだ。

この問いに対して、かの有名なガウスという天才おじさんは「世界の曲がり、頑張ればその世界の中にいる人からも認識できるやん!!」ということを数学的に証明した。曲がった世界の中に閉じ込められていても、注意深く長さや角度を測れば「ガウス曲率」と呼ばれている曲がりの情報については得ることができるという定理だ。その名も「ガウスの驚異の定理」。なんだそのネーミング。その名の通り、ガウスおじさんが自分で発見して自分でびっくりした定理だから200年間こう呼ばれ続けている。「ガウスのビックリしちゃった定理」ということだ。「うわっ！ダマされた大賞」みたいでウケる。三四郎の小宮さんはあれだけドッキリに掛けられているのに一つも定理にならなくてかわいそう。

その世界の外に出なくても、注意深く自分のいる世界を観察すれば曲がり方を知ることができる。でもそれは簡単じゃない。過去を振り返ってもそうだ。

世界は大きな亀に支えられていると思われていた時代があった。
地球が宇宙の中心だと思われていた時代があった。
竹槍でB29爆撃機を撃墜できると信じた時代があった。
工場廃水は海に流しても問題ないと思われていた時代があった。
部活中に水を飲むと根性が足りないと言われた時代があった。
どんな場所でも堂々とタバコを吸っていい時代があった。
教師が生徒に体罰をすることが当たり前だった時代があった。

彼らの後の時代を生きる僕らは、俯瞰的に当時の世界がいかに曲がっていたかを知ることができる。それを見て、「今の時代ではあり得ない」とか思ってしまう。でも、だからって当時の人が狂っていたなんて言うことはできない。人間は、固定された「世界」や「時代」という入れ物の中にポツンと存在しているわけではない。人間の存在と周りの世界は常にお互いに影響されあいながら成り立っている。気づかないうちに、疑いもしないような「時代の当たり前」に沿って行動は曲げられてしまう。「自分がしっかりと芯のある人間なら、そんな馬鹿なことはしない」なんて思うのはきっと傲《おご》りだ。その「芯」だって世界とぐんにゃぐにゃに絡み合って成り立っているものなのだから。

今、僕らの生きている世界はどうなんだろう。

お金を払えばUber Eatsがやってくる。
トイレではトイレットペーパーでお尻を拭く。
おみくじに「大吉」と印字されていると運が良いという意味である。
結婚したら夫婦どちらかが苗字を失う。
エアコンは28度に設定していると環境にやさしい。
脂がのっていない牛の価値は低い。
女性を「ちゃん付け」で呼んでも仕事をクビにならない。
おじさんは化粧をしない。
肌は白い方がいい。
蚊を殺しても罪に問われることはない。
有名人を匿名で誹謗中傷しても罪に問われることはない。
たとえその有名人が自殺しても罪に問われることはない。

　人が集まった時点で、もう既に僕らは曲がった空間の真っ只中にいる。でも、気づけない。自分が曲がっているだなんて思いもしないまま、曲がった世界を突き進んでいる。そして、未来の自分たちから見れば「あり得ない」と思うことを、自然にやってしまっているのかもしれない。でも、そのことを時代のせいにしてはいけないと思う。世界の構造と僕らの存在は決して切り離すことができない。僕らの行動を曲げるその世界の曲がりの原因だって、僕らにある。

　曲がっていること自体に良い／悪いということはたぶんない。だから、その世界を生きる僕らが良い／悪いを決めていかなければいけない。それは難しいことだ。難しいけれど、きっとやれるとガウスは言うに違いない。きっと、曲がりがあるからこそ世界は面白くて、愛らしいのだ。曲がった世界と格闘しながら、それでもうまく付き合っていく僕らを見て、ガウスはまたあの時のようにビックリしてくれるだろうか。

　そういえばアインシュタインの風貌ってどんな感じだったっけ？　と思ってさっき「アインシュタイン」で画像検索してみたら、画像の8割ぐらいは吉本ブサイク芸人王者のあの方の写真になってしまっていた。今や世間でいうアインシュタインはあなたなのか、稲田さん……。アインシュタインのあの有名なベロを出した写真と並んで、微妙な笑みを浮かべる稲田さん。ベロ、稲田、ベロ、稲田、稲田、稲田、ベロ、稲田、稲田、稲田。特徴的な三日月形のあごがチャーミング。

んー、曲がってるなあ。面白いなあ。愛らしいなあ。

＊1　ＥＭＡＮの物理学「リッチテンソルの展開」
https://eman-physics.net/relativity/r00_ext.html

フィボナッチ、鹿児島の夏

午前、昼前。エアコンの効いた研究室を出ると、蒸し暑い廊下の空気が腕をなぞった。ドアを閉める。勢いのついたドアが部屋の空気をブワワッと追い立てる音がして、その後のほんの一瞬だけ鼓膜の振動が完全に止まった気がした。僕はハッとする。

夏だ。

ああ、間違いない。夏だ。この感覚。熱に浮いた空気の隙間から一瞬だけひょっこりと顔を見せる静寂。この感覚は間違いなく夏だ。教授との打ち合わせが終わり、部屋を出る時のことだった。まだ梅雨も始まったばかりの7月頭のことだったけれど、僕はその瞬間なぜだか強烈に夏を感じたのだった。

「夏」という言葉を聞くと、カンカン照りの太陽とかセミの大合唱とかのイメージを思い浮かべがちだけれど、なぜだか夏を強烈に実感する時というのはいつも、こういう何でもない瞬間だったりする。幼い頃の記憶を振り返ってみても、プールでワイワイ、バーベキューでガヤガヤ、祭りでキャッキャ、という夏の記憶はどこかぼんやりしているのだけれど、その隙間に挟まった何でもない瞬間の方をやけに鮮明に覚えていたりする。

水しぶきを眺めるだけのプールサイド、焼肉ダレの匂いが染み付いた木漏れ日、打ち上げ花火の音を遠く聞く夜の公園のベンチ。アクティブでワクワクする「動」の中にスパッと挿し込まれた「静」。夏はそういう静かな時間を鋭く、美しく輝かせてくれる。校庭の陸上部の掛け声が微かに聞こえる、校舎の3階の窓際。その窓から一定のスピードで流れ込んでくる細長い和紙のようなそよ風。そんな、たかだか2、3秒ぐらいの小さな永遠のことを、なぜだかよく覚えている。僕は、そんな夏が好きだ。

小中学校の理科で習ったように、夏というのは地球の自転軸の傾きで生まれる。一年のうち、自転軸が太陽の方へ傾いている時期は、太陽光をたくさん受けるので夏になるというわけだ。僕の記憶の中に輝くあの生き生きとした夏も、天体スケールで見れば地球がちょこっと太陽の方へ首をかしげているというだけのことでしかない。そう聞くとなんとも単純な話だ。

でもそれが、夏の美しさなのかもしれないと思う。地球は、「よし、夏という美しい季節を生み出すために、オイラの自転軸ちょっと傾けとくぜ！」と気を利かせて傾いているわけではない。大昔になんかの拍子にたまたま自転軸が傾いてしまって、そしたら太陽の当たり方によって季節というものが生まれてしまって、そしたら夏という季節はなんかたまたま美しくなってしまった、というだけだ。「美しいものを生もう」と思って生み出されたのではなく、なんとなく生んでしまったものが美しくなってしまった、という偶然。その壮大な偶然の中に、夏の本当の美しさがあるような気がする。

そういえば数学にも同じ美しさを感じる。例えばフィボナッチ数列という有名な数列は、

1、1、2、3、5、8、13、21、34……

みたいな数字の並びのことで、この数字の並びは「前の二つの数字を足した結果を次の数字にする」というルールで作られている。

1＋1＝2
1＋2＝3
2＋3＝5
3＋5＝8
……

みたいな感じ。この数列自体は、800年前にフィボナッチというおじさんが「不死身のウサギが2ヶ月ごとに子供を産んでいったら、不死身のウサギたちの総数はどう変化していくか？」という問題を考えた時にたまたま生まれたものらしい。不死身のウサギって何だよ。

しかし後世の数学者たちが研究していくと、どうやらこの数列には黄金比が隠されていたり、フィボナッチ数列を半径にした円を繋げたら自然界に存在する螺旋の形と一致していたりとか、美しい性質がたくさん発見されている。例えば、フィボナッチの螺旋をうずまき銀河のうでの部分に重ねてみると次頁の図みたいな感じでぴったり重なる（＊1）。800年前にフィボおじがウサギの数を考えていてたまたま生まれた数字の並びが、実は自然界の構造を表現する秘密のカギだったのだ。なんとも壮大な偶然。

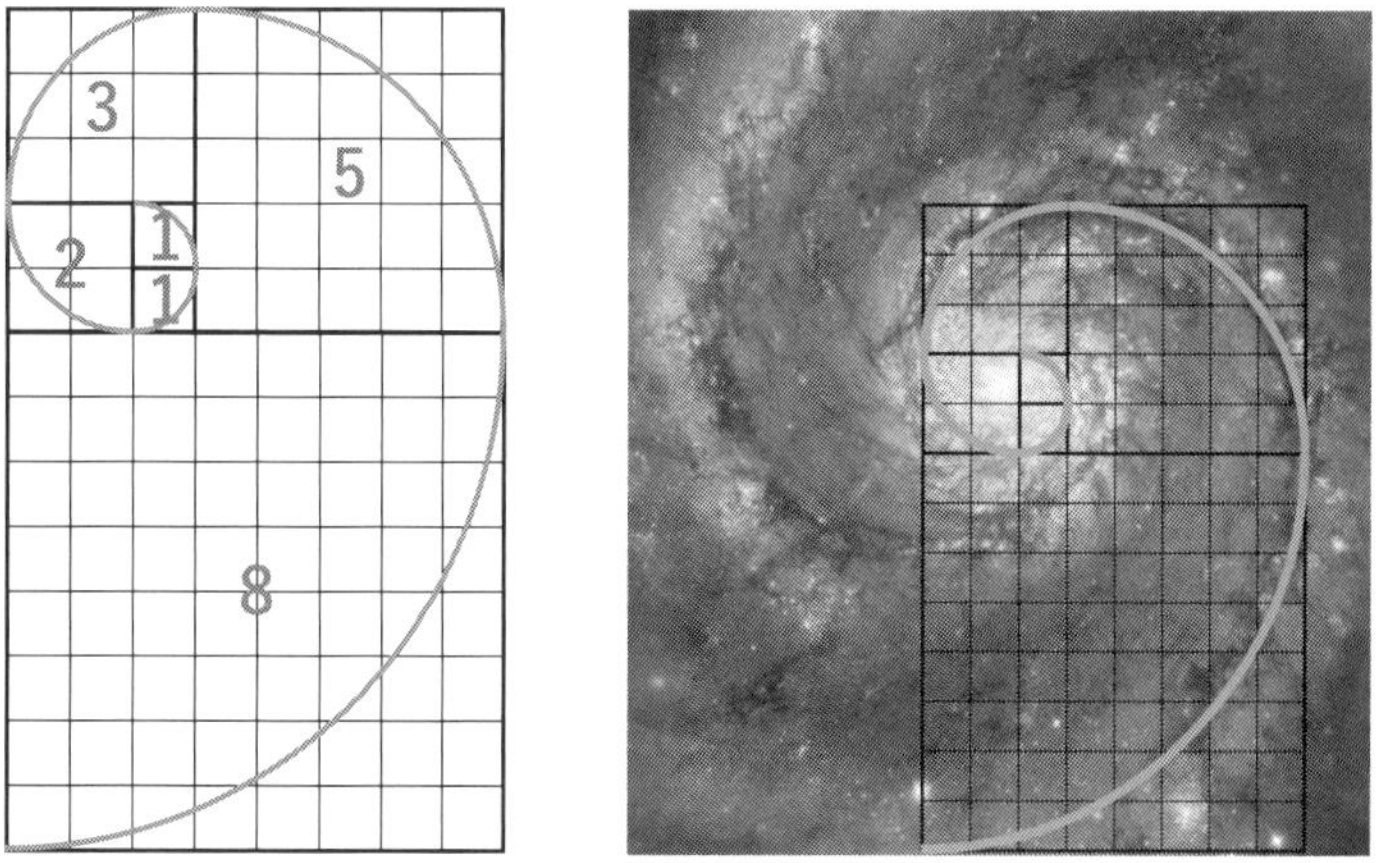

フィボナッチの螺旋とうずまき銀河

そもそも数学って、今でこそ「我こそは崇高なる美しい学問なり」みたいな立派な顔つきをしているけれど、どうせ始まりなんて、

「なんか指で牛の数かぞえるのしんどくね？」

「わかる。とりま地面に牛の絵描いとけばいいんじゃね？」

「いや、牛いちいち描くのだるいんすけどｗｗ脚1本だけ描いとくわ」

「んじゃ、適当にこの『1』って書いたやつを牛ってことにするわ～」

「あ、そんじゃこの十字の記号は、『牛の数を足す』ってことにするんでよろ～」


みたいなノリで生まれたんだろう（どうせ）。

掛け算、割り算、実数、虚数、指数、対数、微分、積分、きっと全て「とりあえずこういう記号、作っといたら便利じゃね？」みたいなところから、なんとなく生まれているはずで、そうやってなんとなく作ったものをこねくり回して頭を悩ませているうちに、美しい定理や世の中の真理が発見されている。自分がなんとなく生んだものに悩まされ、なんとなく生んだものの美しさに後から気づかされる。フィボナッチどころか、数学自体が壮大な偶然だ。

思えば、僕らの命だってそんな始まり方をしている。親が子供を産む時って、

「まだ産まれてもいない名もなき我が子（仮称Xちゃん）はきっと泣き虫な子だと予想しているけど、その子が運動会とかで泣かずに一生懸命走ってる姿とか見て感動したい！よし産もう！」

「Xちゃんの幸せはきっと私の幸せになるに違いない！　Xちゃんを幸せにするために産もう！」

とか考えてる人はいないだろう。形も名前もないものに感情移入したり愛したりするこ

とはできないから、まあそりゃそうだ。美しいものを産もうと思って産むわけではなくて、「子供が欲しい」というエゴに従ってとりあえず産んでみて、産んでみたら泣き虫の子だった、泣き虫の子に世話を焼いているうちに愛情が増していった、愛情が増していったら美しさに気づいた、とかそんな成り行きで親子の関係は作られていく。自分がなんとなく産んだものに悩まされ、なんとなく産んだものの美しさに後から気づかされる。家族の美しさもまた、壮大な偶然だ。

２０１２年、鹿児島の夏。その夏もたぶん暑かった。たぶん暑くて、たぶんセミがけたたましく鳴いていて、たぶん小学生がカブトムシを追いかけていて、うちのばあちゃんは末期のガンだった。その夏、家族４人でばあちゃんの最後の生きている姿を見届けるためにはるばる鹿児島まで帰省したのだった。ばあちゃんにはガンの状態は知らせず、最期の瞬間を穏やかに自宅で迎えられるよう、いとこ家族が自宅で介護を行ってくれていた。余命は数ヶ月だった。僕ら家族がこの次にばあちゃんの顔を見るのは葬式になってしまうのだと、ばあちゃん以外には暗黙の内に分かっている状態だった。そういう夏だった。

高校3年生の僕は、焦っていた。中学高校と、塾や部活を言い訳になかなか鹿児島に帰省せず、そうこうしているうちにばあちゃんが危篤になった。僕はまだ、ばあちゃんに何もしてあげられていないのに。その罪悪感があったから、あの夏はできるだけばあちゃんに声をかけて、できるだけ孫としてばあちゃんに元気な姿を見てもらおうとした。ばあちゃんにプレゼントなんか買ったことないのに、行きの新大阪駅で見つけた招き猫の置物を買っていったりもした。「僕が帰っても、この招き猫はずっとここにおるからね」と言った。大きく喜ぶこともなく、ばあちゃんは静かにその言葉を聞いていた。

認知症が進んでいたばあちゃんが何を思っていたのかは分からない。僕を自分の孫だと認識できていたかどうかも怪しい。ばあちゃんからしてみれば、突然知らん高校生が家にやってきて、馴れ馴れしく「ばあちゃん、ばあちゃん」と呼んで変な置物まで渡してくるのでうっとうしかったかもしれない。僕が今さら焦ってみたところで、ばあちゃんはもうここにはいないみたいだった。ジタバタもがく僕を遠くから他人事のように眺めているみたいだった。手遅れなのだった。

その夏の、静かな時間ばかりをよく覚えている。夜、広間でいとこ家族と飲み会をしている途中、ばあちゃんの状態を見守るために一人でベッドに付き添っていた時間。朝、散歩途中に迷い込んだ誰もいない草むらで、ただ風の音だけを聞いていた時間。若い頃の元気なじいちゃんとばあちゃんと赤ん坊の僕がおでかけしている写真を、薄暗い居間でぼーっと眺めた時間。まわりは夏で、たぶんいつも通り暑くて、たぶんセミがけたたましく鳴いていて、そんないつも通りアクティブでワクワクする「動」の中にスパッと挿し込まれた「静」。そういう静かな時間だった。

そしてその一番深いところ、湖の底のような和室の片隅で、ばあちゃんは静かに横たわり続けていた。微かに届く陽の光だけが揺れている、冷たい湖の底。ばあちゃんの体温でほんの少しだけ温められた水のゆるやかな対流に、ただ触れるだけの時間。夏は静かな時間を鋭く、美しく輝かせてくれる。僕が好きな夏だった。

焦っていて、手遅れで、それでも、僕とばあちゃんは家族だった。きっと家族ってそういうものなんだろう。だってどうせ最初も、なんとなく産んで、なんとなく出会ったところから始まっているのだ。じいちゃんとばあちゃんがなんとなく産んだ父ちゃんが成長して、またなんとなく僕を産んで、なんとなく孫になった。たとえ手遅れで、ばあちゃんが何もかもすっかり忘れてしまって、僕のことを知らん高校生だと思っていたとしても、またなんとなく知らん高校生として出会えばそれで良かったんだろう。

だって家族なんて、壮大な偶然だ。なんとなく出会って、うっとうしくも思ったりして、後からその美しさに気づくものなのだ。あの夏、ばあちゃんの最後の夏、なんだか親切に声をかけてくれた高校生が来たなあとでも思い返してくれていたのなら、きっとそれでいいんだろう。きっとあれでよかったんだろう。

あれからもう10年以上が経った。また、夏が来た。当たり前の顔をした、美しい偶然の夏だ。僕が好きな夏だ。

最近、友人に触発されて部屋に花を活け始めた。そう言うとなんだか優雅なマダムの趣味のように聞こえるけれど、大丈夫。部屋はしっかり汚いままだ。とりあえず窓際に置いた本棚の上の一角だけ、お花専用スペースを確保するようにしている。今は真っ黄色のひまわりくん。駅ビルの中の花屋さんで見つけて、一目見た瞬間になぜだかこれを買いたいと強く思ったのだった。最近一人で家に籠って研究をする時間が長いので、ふとした瞬間に傍《そば》でお花が健気に咲いているのを見ると、うれしい気持ちになる。

久保家のひまわりの花（著者撮影）

そういえば買った後に気づいたけれど、ひまわりの種の並び方にもフィボナッチ数が隠されている。種は中心から外向きに螺旋状に配置されているんだけど、右回りと左回りの螺旋の本数を数えると、必ずフィボナッチ数になっているのだ。実際にうちのひまわりくんでも数えてみた。

21本と34本。ちゃんとフィボナッチ数になっていた。すごい。美しい。別にフィボナッチ数を調べようと思って買ったわけでもなく、なんとなく直感で買ってみたら、ちゃんと美しかった。ちゃんと美しくなってしまった。壮大で、小さな偶然だ。

夏の、本当の美しさだ。

*1 銀河写真はWhirlpool Galaxy-NASA Image and Video Libraryより。螺旋図は筆者が作成。https://images.nasa.gov/details-PIA04230

ノンホロノミック、空を飛ぶ夢

夢の中で、空の飛び方を完璧にマスターしたことがある。

大学の学部生の頃に見た夢。場所は、大学の構内だった。行き交う学生たちの白い視線など一切気にすることなく、僕は必死で手足をジタバタさせていた。空を飛ぼうとしていたのだ。はじめはどれだけジタバタもがいても体が宙に浮き上がることなんてなかった。しかしある瞬間、突然、自分の手の平と腕でググッと空気の塊を押して体を持ち上げる感覚が分かった。

そこからは早かった。手で空気を押して体が持ち上がった瞬間に、今度はすかさず足で空気を蹴る。動作と動作の間には一瞬重力で引きずり降ろされるけれど、地面に落ちるよりも早くまた空気を押す、空気を蹴る。手や足を動かした反動で体のバランスを崩しそうになりながら、それでもなんとか体幹で踏ん張って、休みなく手足をもがき続ける。

初めは見て見ぬふりをして通り過ぎていた学生たちも、僕の体が段々と宙に持ち上がっていく様子を見て、続々と足を止めて見物し始めている。そうこうしているうちに、気づいたら僕の体はものすごい高さまで持ち上がっていて、目の前には建物4階分ぐらいの高い木のてっぺんの枝が見え、眼下には呆然とした表情で僕の方を見上げる学生たちの人だかりが見えた。自分の力だけで宙に浮く方法をマスターした瞬間だった。

その日から、もう夢の中では僕は完全に宙に浮く方法をマスターした気でいるので、いろんな夢で当たり前のように宙に浮くことができるようになった。しかも、宙に浮くだけではなくその高さからムササビのように手を広げ、滑空することもできるようになった。滑空している時は、手をバタバタさせても上には上がれないので段々と高度は落ちていくのだけれど、そこからまた先ほどのように手足で空気の塊を押す動作を繰り返すと高度を上げ直せて、そうやっていつまでもどこまでも遠くに飛ぶことができた。

ある時はアパートの屋上から飛び立って寝静まる深夜の街を見下ろし、ある時は世界遺産の敷地内でこっそり手足をもがいて宙に浮き上がり、歴史的な建造物を空から優雅に見物した。つい最近は、崖の上の体育館みたいな建物の中を端から端までビュンビュン飛び回りながらミュージカルをやった。意味が分からないだろうが、僕にも分からない。

起きている時に冷静に分析すると、あの空気をググッと押す感覚は水泳のクロールや平泳ぎの時に水をかく感覚を脳内で再現しているんじゃないかとか思うけれど、夢の中ではそんなことには一切思い当たることもなく、僕は当たり前のように空を飛ぶことができるのだ。夢というのは抑圧された願望の表れだそうで、たぶん、僕は空を飛ぶことに異様な執着があるんだと思う。

人間が宙に浮いている時、その姿勢運動（体の向きの運動）は面白い性質を示す。例えば宇宙服を着た宇宙飛行士が、周りに何もつかまる物のない宇宙空間で体をジタバタ動かして向きを変えることを考えよう。

この姿勢運動の基本的な原理はいわゆる作用・反作用の法則に従っていて、例えば次の

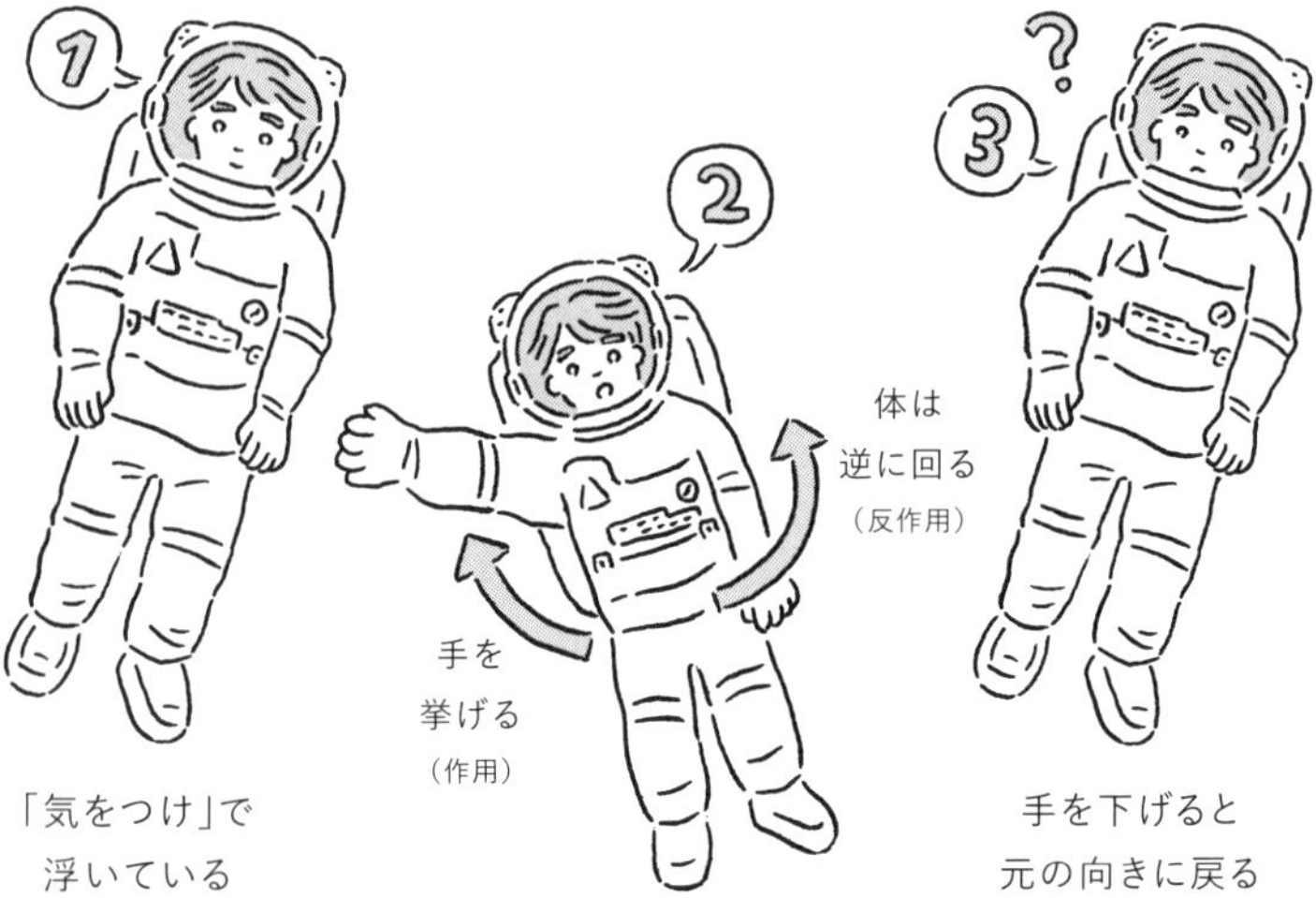

1
2
3
?
「気をつけ」で
浮いている
手を
挙げる
（作用）
体は
逆に回る
（反作用）
手を下げると
元の向きに戻る

手を挙げると体の向きが変わる

図の①のように「気をつけ」で浮いている状態から、②のように手を挙げればその反作用で体は逆方向に回って向きが変わるというような仕組みになっている。

とまあ原理自体はさほど難しくないんだけれど、この原理を使って宇宙飛行士が向きたい方向に自在に体の向きを変えるのは、実はそう簡単ではない。たしかに図の①↓②のように手を挙げれば一時的には体の向きを変えられるけれども、②↓③のようにまたそのまま手を下げて「気をつけ」に戻ったら元の向きに戻ってしまう。同じように、「右向け右」をしようと腰をひねってみても、またそのまま腰を戻せば正面に向き戻ってしまう。体全体の向きを変えて

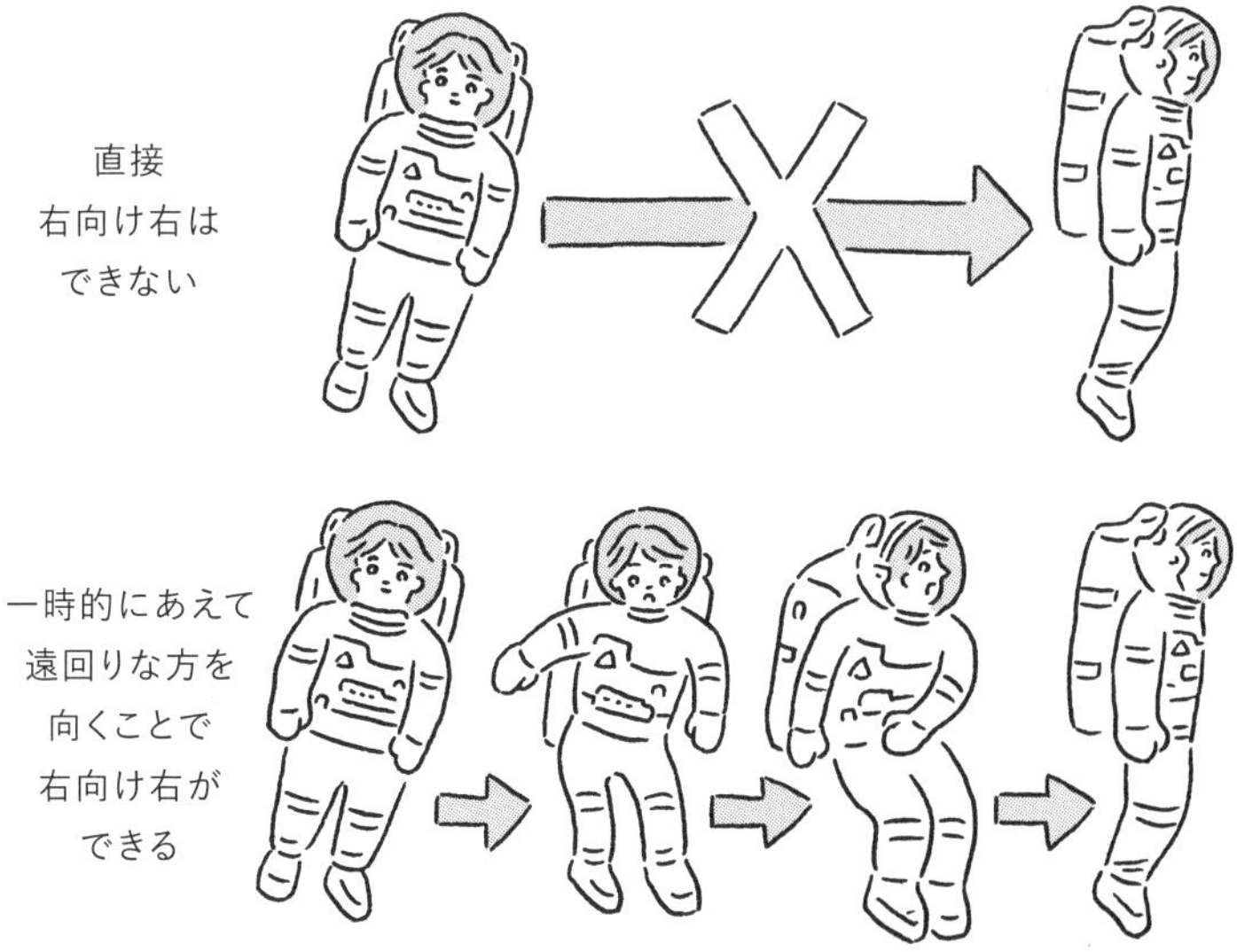
直接
右向け右は
できない
一時的にあえて
遠回りな方を
向くことで
右向け右が
できる

「右向け右をした気をつけ」の状態になるには、単純に体をひねるのではなく、上の図のようにあえて一度遠回りな方を向いてからうまい手順で「気をつけ」に戻るというややこしい体の動かし方をする必要があるのだ。ネットで調べると、宇宙飛行士が実際に宇宙ステーションの中で器用に身体の向きを変えている映像も出てくるので、見てみると面白いと思う。

このような「宙に浮いた人が、とある『気をつけ』の状態から『右向け右をした気をつけ』の状態に移行する問題」は、実は自動車を駐車場に停める問題によく似ている。例えば縦列駐車をする場合、車は直接真横に動くことはできないけれど、一旦

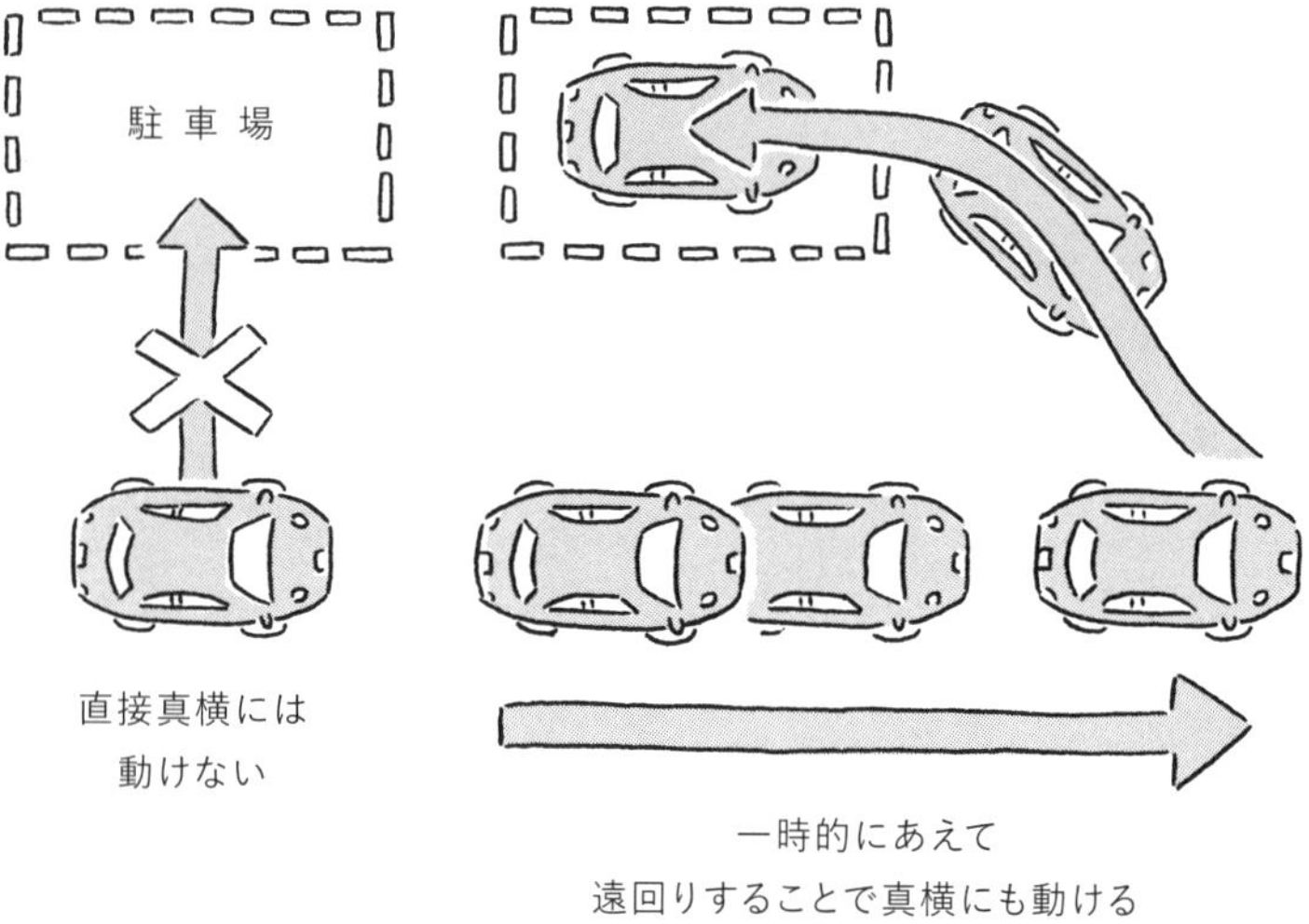
駐車場
直接真横には
動けない
一時的にあえて
遠回りすることで真横にも動ける

前に出てハンドルを切りながら下がると結果的に真横に動いて駐車できるのは日常経験からも分かるだろう。この例でも、「わざと遠回りすることで、動けない方向にも動ける」という似たような現象が起きていることが分かる。

宙に浮いた人の運動では、関節を動かした時の一瞬一瞬の胴体の回転速度は作用・反作用の法則に従って決まっていく。作用・反作用の法則が胴体の回転速度に対する拘束条件となっているのだ。同じように、自動車の運動も一瞬一瞬は車輪が向いている方向にしか進めないという速度に対する拘束条件が課せられているので、実はこれらの運動は共通の理論で扱えるのだ。このように、一瞬一瞬の物体の（回転）速度に対して拘束条件が課せられた運動を、専門用語で「ノンホロノミック運動」と言う。宙に浮いた人間の運動と自動車の運動なんて似ても似つかないように思えるけれど、実は数学的には同じ理論で繋がっている。数学ってすごい。

ちなみに、「ノンホロノミックがあるなら、ホロノミックは何なんだよ！」とツッコミを入れたい人のために説明しておくと、ホロノミック運動とは速度に対してではなく位置に対して拘束条件が課せられた運動だ。例えば電車のようにレール上しか動くことができないという条件を課せられた運動が、典型的なホロノミック運動の例になる。この場合、どう頑張っても電車はレールの上しか動けないので、制御としてはつまらない問題になる。

先ほどの二つの例のように、ノンホロノミック運動では一瞬一瞬は自由に動けないのに、一時的にわざと遠回りに動くことで結果的にいろんな状態に自由に到達できるという面白い性質がある。こういう、自由に動けないのに自由に動けるという特徴こそが、ノンホロノミック運動の最大の面白さと言えるだろう。違う見方をすれば、瞬間的にはあえて遠回りする方が、結果的には近道になることがある運動だとも言える。ただし、遠回り経路をうまく設計すればいいとは言っても、どう設計するかはとても難しい。何を隠そう実は僕も、先ほどの宙に浮いた人間の問題を博士課程時代からずっと研究しているぐらいだ。

車の例では、せいぜい加減速とハンドルの2種類の量を操作するだけなので、経験を積めば人間の頭でも器用に運転することができるのだけれど、宙に浮いた人間の場合には、関節の十数個の角度を同時に操作する必要があるので、難しい問題になる。簡単な運動パターンについては宇宙飛行士も経験的に体得しているようだが、複雑な運動になるとなかなか直感では扱いきれない。ウンウン唸りながら数式をこねくり回し、どうやったらこの問題を解けるかを毎日毎日考えている。ずいぶん物好きな研究に思えるかもしれないが、知れば知るほど奥深い問題なので飽きずに研究し続けている。僕がもし、あの夢のように本当に空を飛ぶことができたなら、自分の研究した手法を使って誰よりも華麗に体の向きを変えてやろうと思う。その小さな野望が、研究に対する大きなモチベーションになっている。

人生も、ノンホロノミック運動みたいなところがある。

人生だって、一瞬一瞬の行動はいろんなことに縛られている。宿題はしなきゃいけないし、洗濯はしなきゃいけない、お金を稼がなきゃ、電車に乗らなきゃ、ご飯作らなきゃ、テレビ見なきゃ、待ち合わせ行かなきゃ、保育園迎えに行かなきゃ、部活行かなきゃ。そうやって、いろんなことをこなさなきゃ僕らは生きていけない。あなただけの人生なんだからあなたの人生はいつだって自由だ！ってのはまあその通りなんだけど、たぶん現実はそんなに簡単じゃない。明日から急に仕事辞めて、ハワイで路上タップダンスしながら生活するのはもちろん不可能とは言わないけれど、とっても難しいことだ。車は、いきなり真横に動くことはできない。

それでも、人生は自由だろうか。一瞬一瞬は不自由でも、少しずつ前に進んだり後ろに戻ったり舵を切ったりすれば、どこへだって行けるのだろうか。敷かれたレールの上を走るだけでなく、自らの手足でアクセルとハンドルを操作する余地があるのだろうか。明日も僕らは生きるためにやるべきことをやらなければならないけれど、それでも人生は、ノンホロノミックだろうか。

宇宙飛行士の選抜試験が始まる。前回の２００８年の募集から実に13年ぶりとなる公募だ。その空白期間の長さもさることながら、応募資格にも大きな変更が加えられていることがニュースとなった。身長・体重制約は大きく緩和され、理系大卒でなくても応募できるなど、かつてなく門戸が大きく開かれる募集となる。

空を飛ぶことに異様な執着がある僕の、その異様な執着が芽生えたのは、結構幼い頃にまでさかのぼる。明確にそれがいつだったかは覚えていないけれど、気づいたら僕は宇宙に行きたかった。宇宙飛行士になりたかった。小学校低学年の頃には既に、宇宙飛行士以外になりたいと思える職業はなかった。当時、兄が持っていた『13歳のハローワーク』という本を借りて読んだりもしていたけれど、そこに載っている数々の職業を見てみても、僕がなりたいと思えたのはやっぱり宇宙飛行士だけだった。

東京大学の航空宇宙工学科というところが、どうやら歴代の宇宙飛行士を輩出しているらしいということを知ったのと、本格的に高校受験の勉強を始めたのは同時期だった。幸運にも恵まれた学習環境を与えてもらい、その上に僕の勉強に対するわずかばかりの適性も乗っかって、地域一番の進学校に合格することができた。大学受験もなんとか現役で合格し、そのまま東京大学の航空宇宙工学科に進学した。もちろん紆余曲折も挫折もたくさんあったけれど、それでも自分が正しいレールに乗れているという感覚はずっとあったように思う。

宇宙飛行士に求められる資質というのは、心身の健全性や英語を含むコミュニケーション能力を基本としているけれど、求められる人材はその時の国際情勢やＪＡＸＡの方針に左右されるので不確定だ。そして新卒採用があるわけでもなく、何年後にやってくるかも分からない、というかそもそも次のチャンスがあるのかも分からない公募をひたすら待たなければ、機会すら得られない。自分の人生の適齢期にその公募が来るかどうかは、全くの運任せだ。そこに正しいレールなんか用意されていない。目指そうと思っても、どちらに進めば良いか分からない。自分が目標に近づいているのかも、遠ざかっているのかも分からない。宇宙飛行士とは、そういう職業だ。

もちろんそんな情報は随分前から知ってはいたけれど、大学を卒業する頃に僕はそのことを痛烈に思い知った。当時の僕にはやっぱり本当になりたいと思える職業は宇宙飛行士以外になくて、けれど、自分が順調に乗れていると思っていた正しいレールなど本当は存在しないことに気づいて途方に暮れたのだった。どちらに進めば良いかも分からないまま僕は大学院に進み、ジタバタもがきながら博士号を取った。

人生は決して、敷かれたレールの上をただ走るようなものではないのだろう。それは希望でもあり、絶望でもある。きっと僕はこれからどこにでも行けるし、何にでもなれる。けれど、今自分が進んでいる方向で宇宙に近づけるのかは分からない。人生は、数式でモデル化することはできない。運動を解析して最適な経路を計算することはできない。かと言って、自動車を駐車場に停める時のように正しいハンドル操作を経験的に体得することもできない。人生は一度きりだから。信じた道を進んでみたあとでその道が正しかったかどうかを知ることしかできない。このかけがえのない僕の人生は、どうしたって一度きりなのに。試しに進んでみた方向が間違っていても、やり直しなんかできないのに。

待ち望んでいた公募だけれど、正直なところ自信はない。ようやく始まった、というよりも、とうとう始まってしまった、という気持ちの方がやっぱり強い。数え上げればキリがないほど、自分に足りないものがあるのを知っている。信じていたレールなんて存在しないことを知っている。けれども、絶望に飲み込まれたくはない。一度きりの人生だけれど、一度きりの人生だからこそ、わずかな希望があるならばそれをかき集めて前に進みたい。僕は、きっと誰よりも上手に空を飛ぶことができる。だって、そりゃあもう夢の中で何度空を飛んできたと思ってるんだ。なんてったって崖の上の体育館みたいな建物の中を、端から端までビュンビュン飛び回りながらミュージカルやってんだぞ。何だそれは！　意味わかんねえだろ！　僕にも分からんぞ！　君たちにそれができるか！　できんだろう！どうだ参ったか！　僕が一番上手に空を飛べるんだ！

夢というのは抑圧された願望の表れだそうで、どうやら空を飛ぶ夢は向上心や成長に対する願望を表しているらしい。どういう道を辿れば宇宙に行けるかなんて、分からない。遠回りしているように見えたって、実はそれが近道になっていることだってある。人生は、ノンホロノミックだから。そのことを希望だと思い込んで、前に進んでやろうと思う。

お布団が好き、で、トレミーの定理

冬のお布団がとっても好きだ。

あの頃の寝床は二段ベッドだった。いつから使ってるのか分からん、年季の入った木製の二段ベッド。当時住んでいた社宅では子供部屋を兄と共用しなきゃいけなくて、仕切りも何もないその子供部屋の中で唯一その二段ベッドの下の段が僕にとってのプライベート空間なのだった。周囲がベッド柵に囲まれているので、その中はちょっとした隔離空間になっていて、さらに頭からガバッとお布団を被ると、そこにはたちまち僕だけの秘密基地が出来上がるのだ。

特に冬の分厚いお布団は、良い。モコモコと冬のお布団の中に潜れば、モゴモゴと外の世界の音は溶け去って、冬休みにやらなきゃいけない百マス計算の宿題も、今日ケンカしたY君とまた明日会わなきゃいけないことも、生活にまとわりつく何もかもの面倒くさいことが遠のいていって、そうして僕だけの世界がぬくぬくと完成する。その世界が、好きだった。その世界の中で僕は守られていた。冬のお布団に守られていた。だから、僕は冬のお布団がとってても好きだった。

何の音か、何の音楽か、鳴る。アラームが鳴る。目覚ましアラーム。寝ぼけて訳も分からず「停止」のボタンをぺしぺしタッチすると、何回目かのぺしぺしでiPhoneは鳴き止んで、朝が来た。その日も冬の朝だった。眠たい目をむにゃむにゃする。むにゃむにゃしながら手癖でついTwitterを開く。トレンド欄のトップには「緊急事態宣言」の文字が並べられていて、その字面の厳めしさが大げさに思えてしまうぐらい、相変わらず冬のお布団の中は穏やかだ。

アラームの30分前に暖房のタイマーを仕掛けておいたので部屋はばっちり暖かくて、僕が睡眠中に発した熱はお布団にぬくぬくと抱きとめられ、カーテンの隙間から一直線に差してくる鋭い陽の光はお布団の前に立ち往生している。外の世界は緊急事態で、とっても危険な状態で、僕の世界はこんなにも温かく、冬のお布団に守られている。

「守る」ということをこんなにも意識させられる時代もないだろう。マスク、フェイスシールド、マウスシールド、アクリルパーティション、携帯用アルコールジェル、首から提げる空気清浄機。人との接触は危険で、大人数での会食は危険で、実家への帰省は危険。外の世界はとっても危険で、だから僕らは今、意識的に自分を守らなければ生きていけない。なんともおそろしい時代だ。

ただ、おそろしい時代だなあとは思いつつも、そういえばそもそも世界って本当はこのぐらい危険なものだったんじゃないだろうか、とも思う。原始人の時代とかは、いつ自分が獲物にされるか分からない中、火を焚くことで自分を守ってたんだし、台風・洪水・地震・津波・火事と、世界はいつだって危険で、その中で人間はあらゆる科学技術を駆使して自分たちを守ってきた。今の時代じゃあもう技術もかなり進歩しているからあまり感じないかもしれないけれど、やっぱり世界ってもともと危険なものなんだろう。

そんでもって宇宙なんて、その最たるものだ。そりゃあもう危険・オブ・危険だ。危

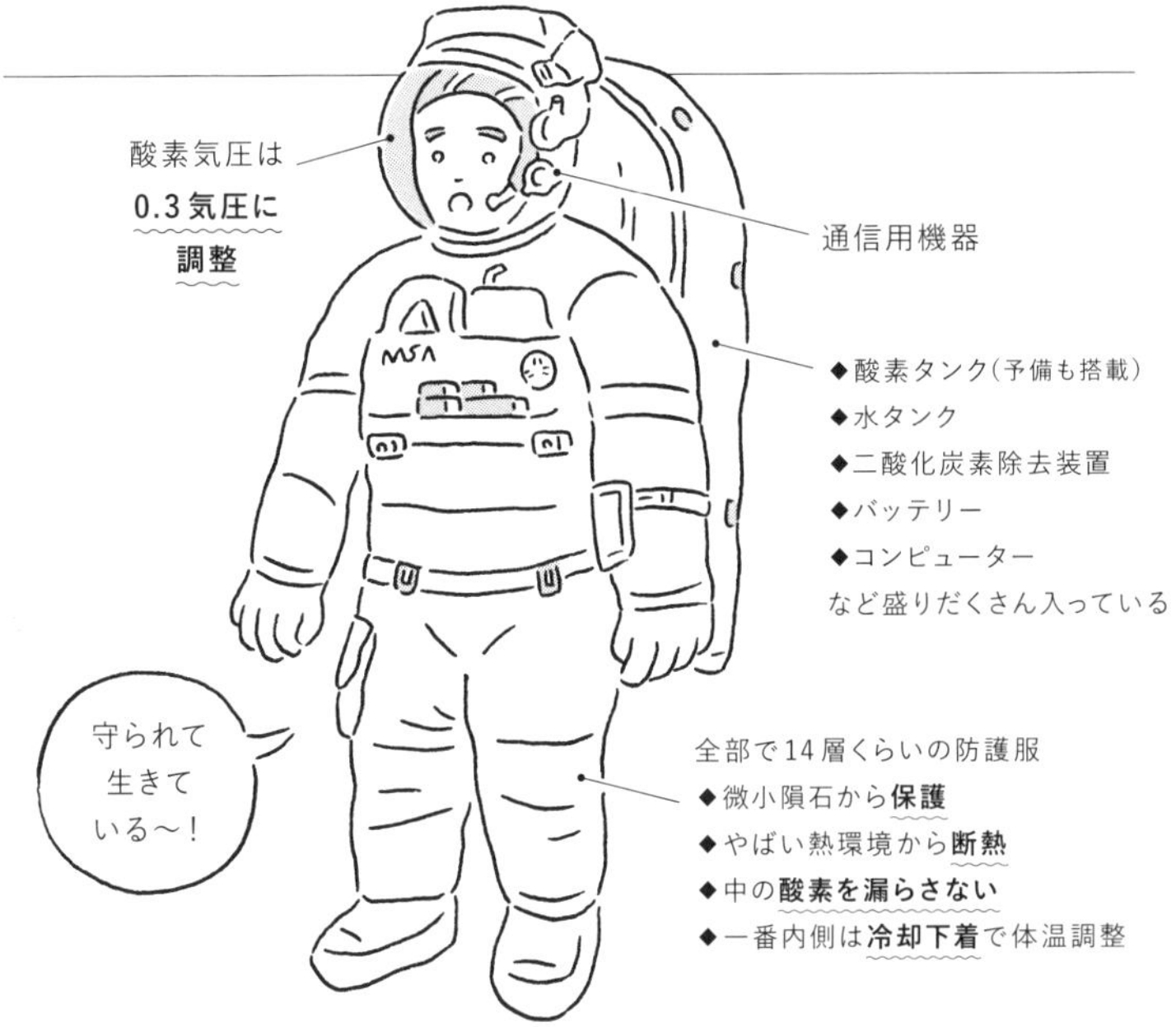
酸素気圧は
0.3気圧に
調整
通信用機器
◆酸素タンク(予備も搭載)
◆水タンク
◆二酸化炭素除去装置
◆バッテリー
◆コンピューター
など盛りだくさん入っている
守られて
生きて
いる〜!
全部で14層くらいの防護服
◆微小隕石から保護
◆やばい熱環境から断熱
◆中の酸素を漏らさない
◆一番内側は冷却下着で体温調整

険・オブ・ジョイトイと言ってもいい。エロテロリストもびっくりするぐらい危険な宇宙空間では、ありとあらゆる手段で手厚く人間を守ってあげる必要がある。例えば宇宙服を見ればそれがいかに大変なことかがよく分かるだろう。

呼吸ができるように酸素を送ってあげて、水もストローで飲めるように用意してあげて、吐いた二酸化炭素も除去してあげて、小さな隕石から守ってあげて、太陽の熱から守ってあげて、と同時に日陰の寒さから守ってあげて、体温は水のチューブを通した下着で調整してあげて、気圧はなるべく地上と同じにしてあげて、でも風船みたいにパンパンに膨らんだら動きにくいので絶妙に０・３気圧に制御してあげて……。これだけのことをしてあげないと、宇宙という危険な世界で僕らはボーッと生きていくことすらできないのだ。

逆に考えれば、地球上で僕らはこの危険・オブ・ジョイトイな宇宙から常にガチガチに守られて生きている。吐いた二酸化炭素は植物たちが勝手に吸い込んでくれて、わざわざ酸素ボンベを用意しなくてもいくらでも新鮮な酸素を供給してくれて、大気層によって気温は暑すぎず寒すぎない程度に自動的に調整され、小さな隕石は大気圏で燃やしてくれ、気圧は大して変動せず、水は循環して浄化され、太陽からの強力な放射線に対しては磁場がバリアになってくれている。

普段はそんなこと当たり前すぎて気づかないけれど、やっぱり僕らはこの危険な世界からとことん守られている。守られなければ生きてすらいけない。どんなにムキムキなお兄さんだって、最強のロジックで攻めるビジネスマンだって、無敵の自信を纏《まと》うカリスマ美容師だって、本当はみんな赤ん坊のようによわいのだ。そんでもって、この世界はとってもとっても危険なのだ。

大人になった今ではなんかそこそこ慣れてしまった気がするけど、たぶん子供はその危険をもっとリアルに味わっている。赤ん坊の頃は家の中で家族にガチガチに守られていて安全に暮らしていても、ひとたび幼稚園になんか通い始めれば知らない子といっぱい出会わなければいけなくて、なかなか友達ができなかったりして、隣の席のヤンチャ坊主にからかわれて、足の速い子にドヤ顔をされて、それでも仲良く一緒にお遊戯をしなければいけなくて、親同士のいざこざなんかにも巻き込まれたりして、子供のくせに偉そうなことを言うなと言われて、そのうち訳も分からず九九を覚えさせられて、九九ができない子は居残り組のレッテルを貼られて、かけがえのない存在だったはずの「自分」は集団の中に埋め込まれていく。生まれたばかりの僕らは宇宙服も与えられず、ほとんど無防備なままそんな危険な宇宙に放り出されて、正しい息継ぎの仕方も分からずに毎日を生きるのだ。だから子供は必死で、泣き虫で、生々しい、し、僕も生々しかった気がする。

そう。世界ってとっても危険だし、とっても危険だった。必死で自分を守らなきゃ生きていけなかった。

それは、何だっけ。あれは、いつのことだったっけ。あれは、

あれは、定期テストだ、中学の。普通の、公立の中学校、兵庫の。で、期待されていたのだ、とても。5回連続学年1位、そう、5回連続、だから、今回も守らなきゃ。「おいどうせまたお前100点だろ〜」、を、守らなきゃ。

「テスト返しま〜す」「えーっだるーっ」「このクラスは今回100点は一人だけでした」「えーっ」「おいお前だろどうせ〜」、どうしよう、「一人とかあいつで決まりやん〜」、僕じゃなかったら、どうしよう、守らなきゃ、期待を、「はい、おめでとう」、ああ、「ほらやっぱりお前やん〜」、ああ、「あたしじゃなかったか〜ｗｗ」、ああ、守れた。また、守ってしまった。500点満点中495点、定期テスト、中学の、「逆にどこ間違えとんねんｗｗ」、6回連続、「あいつ、ヤベー」、7回連続、勉強、僕は、守らなきゃ、守るために、ゲームは、好き、好きじゃない、好き、好きじゃない、好き、好きじゃない、好きじゃない。「この成績なら」、「トップ校も十分狙えますよ」、勉強、守るために、漫画は、欲しい、欲しくない、欲しい、欲しくない、欲しい、欲しくない、欲しくない、テレビは、好き、好きじゃない、はねトび、好き、好きじゃない、好き、好き、好きじゃない。定期テスト、8回連続、「よお、天才」、「ここ教えてよ」、因数分解、守れば、勉強、守れば、因数分解はべき乗で整理、「頭いいね〜」、三角形を重ねたらメネラウスの定理、期待、危険、守るために、これは、好き、好きじゃない、好きじゃないっけ、これは、欲しい、欲しくない、欲しい、っけ、欲しいって何だっけ、あれは、好き、好きだっけ、好きって、なんだっけ、好きってどういう感じだっけ、勉強、勉強、守ったら、みんなが優しかった、勉強は、勉強のことは、好きだっけ、僕は、内接四角形にはトレミーの定理、勉強好きなんだっけ、12回連続、好きってどういう感じだっけ、「勉強好きなお子さんね〜」、これって、好きなんだっけ、でも、みんなが優しかった、のを、よく覚えている、その、安心感を覚えている。だから、狂ったように無心で勉強していたのを覚えている、中学生。

そう、そうだった。子供の頃、やっぱりこの世界は、宇宙は、とっても危険なところで、その中で僕らは、僕は、自分の存在を守るためにいつも必死なのだった。自分という存在の安全を守るためだけに、自分の感情を、好きを、欲望を、どこまでもないがしろにすることができた。高校生になった僕は、誕生日に何が欲しいか聞かれて、「ノートと文房具がいい」と言った。「ノートと文房具がいい」と思ったように思った。だって、冬の分厚いお布団を被れば、モゴモゴと外の世界の音は溶け去ってしまうから。守るということは、排除するということだから。

僕はいまだに自分の「好き」にときどき戸惑ってしまうことがある。何かを「欲しい」という感覚にピンと来ないことがある。誰かを好きになる感覚に自信を持てないことがある。それは僕がこの宇宙で生きるのに必要な、必要だった、宇宙服だ。宇宙服であり、お布団だ。僕という存在を守ってくれた、分厚いお布団だ。僕の大好きな、大好きだった、冬のお布団だ。

その日も冬の朝だった。カーテンの隙間から差す陽の光は、輪郭を少しずつ曖昧にしながら短くなっていく。僕のお布団から、遠ざかっていく。それを見て、少し安心している自分がいる。外の世界は、僕のお布団には侵入してこない。Ｔｗｉｔｔｅｒも、緊急事態宣言も、僕のお布団に入ってくることはできない。だから、僕はお布団からなかなか出られないでいる。

あの頃、年季の入った木製の二段ベッドの中、お布団に守られた僕だけの世界の中で、いろんなことを妄想するのが好きだった。炎を操る能力を使って悪者からクラスのみんなを救う妄想、突然転校してきた可愛い子が僕に一目惚れする妄想、野球の才能が爆発的に開花してチームのヒーローになる妄想。いつの間にか眠りにつく前の、そんな一人だけの時間が好きだった。僕は特別な人になりたかったんだろう。そして、そのお布団の中だけでは、僕は何の努力もしなくたって特別な人であれた。因数分解もメネラウスの定理も分からなくたって、みんなのヒーローであれた。そのお布団の中が、危険な宇宙にポツンと浮かぶ、僕の唯一のプライベート空間だった。

カーテンの隙間から差す陽の光は、どんどん遠ざかっていく。太陽から飛んでくる強い放射線は、地球の周りの磁場に守られて地上には降り注がない。だからもしかしたら、あのカーテンの隙間から差す陽の光も、案外浴びても平気だったりするのかもしれない。お布団から出てカーテンを開けてみても、世界は案外あたたかいのかもしれない。

けれど、冬の朝が過ぎていく。あの頃は二段ベッドの中だけだったのに、今は部屋が丸ごとプライベート空間になっている。その巨大なプライベート空間の隅に、僕は一人で横たわっている。緊急事態宣言を受けて、研究所はまた1ヶ月間立ち入り禁止になるだろう。僕はこの念願のプライベート空間を、また1ヶ月間独り占めしてしまうのだろう。それは、良いことだっけ。一人で暮らすのは、好きだっけ。好き、好きじゃない、好き、好きって、どういう感じだっけ。内接四角形には、トレミーの定理だっけ。僕には、好きなものが、あるんだっけ。人を好きになるには、どうすればいいんだっけ。トレミーの定理を好きになるには、どうすればいいんだっけ。

冬の分厚いお布団は、本当に好きなんだっけ。

好き、好きじゃない、好き、けれどまだ、僕はお布団から出られないでいる。

重量リソース／有限の愛（システム設計）

あれはたしか、ポケモンカードだった。

全種類のカードにキラキラ加工をしてあるようなカードだった。カードゲーム用のやつではなくて、お菓子のおまけかなんかでついてくるコレクションカード。ポケモンブームだった当時、幼稚園の友達みんなで競うように集めていた。

「ユウキ、お前のカード折れよ」

「そんままじゃ俺のカードと見分けつかんけんな」

たいちゃんはそう言うと、僕のキラキラのポケモンカードの四隅をグニッと全部折り曲げた。

「ほら、こうしたらどっちがユウキのカードか分かるけんよかやろ」

僕のピカピカだったポケモンカードの隅にはミミズみたいな折り目が4本ついた。たいちゃんはそれを見て満足そうな顔をしていた。そのとき僕がたいちゃんに何と言ったかはよく覚えていない。泣いたりはしなかったと思う。もしかしたら、「たいちゃんありがとう」と言ったのかもしれない。思い出せない。ただ、たいちゃんの家の床に並べたキラキラのカードに、レースカーテンを透けてきた陽の光が一層キラキラ反射していたのを覚えている。

その窓際のことを、覚えている。

今日も自宅でのテレワーク。窓際のデスクに向かい、寝ぼけ状態でとりあえず10秒ぐらい朝日を浴びたら、パソコンのディスプレイに光が反射しないようにすぐにカーテンを閉める。さあ、設計をしなければいけない。うまくいけば再来年度に宇宙ステーションに飛ばす予定のロボットの、初期設計。今の見積もりでは規定の重量をオーバーしているので、なんとか重量を削った設計を提示しなければいけないのだ。重たい腰を上げ、重たい3D製図ソフトを立ち上げる。朝日から遮断された部屋のよどんだ空気を、パソコンのファンが懸命にかき混ぜている。僕も頭をかき混ぜながら案を練る。

宇宙機の設計における絶対的なルールは、とにかく制限重量を守ることだ。打ち上げロケットはギリギリまで重量を切り詰めて初めて宇宙まで飛ぶことができるので、当然そのロケットに乗る宇宙機の重量も「○○キログラムに抑えなさい！」とロケット側から厳しく言いつけられている。そして、その言いつけられた重量の中で各システムのバランスを絶妙に調整し、ちょうどうま〜いこと全体のシステムを成り立たせることができて初めて、宇宙機はミッションを行えるのだ。

例えば、同じく空を飛ぶ仲間の飛行機も、そういう重量配分をうまくやらないと飛ぶことはできない。「できるだけ軽く、流線形の機体にしますわよ」とばっかり言っていたらヘロヘロの機体になってしまうし、「やっぱ最強のエンジンでパワー勝負っしょ！」とかイキってるとエンジンだけバカデカい機体になる。「万が一鳥とかがぶつかってきても壊れないように頑丈にしないと……」と心配ばかりしていると鉄骨ガチガチの機体になる。限られた重量を、翼にもエンジンにも胴体にも全てに絶妙にバランスよく配分できて初めて飛行機は空を飛ぶことができるのだ。こういう重量配分は限られた資産（リソース）を配分していくのに似ているので、その配分可能な全重量のことを「重量リソース」と呼んだりする。

宇宙機の場合でも、

「よし、あの小惑星の砂を取って来よう！」

「その小惑星に行くには燃料をこれぐらい積んでくれ」

「じゃあこのカメラも絶対に載せたいです」

「あ、でも着くまでにコンピュータが壊れたら全部パーだし、予備が欲しいな」

「いや、予備の余裕はないから性能悪いけど壊れにくいコンピュータで我慢やで……」

「あの～採取した砂をこの装置でその場で分析したいんですけど」

「いや、その装置載せるならカメラはなしにしないと無理だな……」

「それなら往復じゃなくて片道で燃料節約できません？」

「いや、絶対に往復しなきゃダメだ！」

「ごめん、じゃあもっと燃料節約する行き方計算してくれない？」

「いや出来るけど、時間が倍かかるから故障確率かなり上がるで」

「うわあああああ」


と泣く泣くいろんなトレードオフをしながら設計を行っていく。特に宇宙空間は熱や放射線で機器が壊れやすく、しかも一回壊れたら基本的に二度と修理には行けないという厳しい世界なので、その中でいかに巧妙に重量リソースを配分してミッションの成功率を高めていくかが重要になる。宇宙工学と言うと「世界最高性能の機器を全部詰め込んでやるぜ！」というイメージがあるかもしれないけれど、実際には現実的な安全策を優先したり、機能を切り捨てたりという決断の繰り返しなのだ。

ただ、これは宇宙機に限った話でもない。よく考えると世の中のものなんて大概、限られたリソースをうまく配分できて初めて成り立つもんだ。例えば人間だって、消化吸収した食べ物から体内で生み出せるエネルギーのリソースは限られていて、そのリソースを脳にも筋肉にも内臓にも眼にも鼻にもうま〜く配分することで生き物としてのシステムが成立している。「眼が二つよりも三つの方がたくさん見渡せるから強くね？」とか思うかもしれないけど、眼が増えたらそれだけ眼に使わなきゃいけないエネルギーは増えるし、三つの眼球からの映像を処理するには脳みそにももっとエネルギーが必要になる。犬のように鋭い嗅覚も、猫のように敏感な聴力も、持っていれば何かに有利なのかもしれないけれど、それだけリソースを割かなければいけなくなるのだから、必ずしもあった方がいいとは限らない。

進化の可能性は無限だけど、リソースはいつでも有限だ。今現在の人間という生き物が最適な生き物なのかどうかは知らんけど、少なくとも人間は、無限の可能性の中から有限のリソースで成立できる一つの具体例として設計されている。つまり設計というのは、可能性を切り捨てていくことだ。自分のリソースの限界を受け入れて、折り合いをつけていくことだ。

だから設計は難しい。相変わらず僕のパソコンのファンは懸命に熱気をファンファンファンかき混ぜていて、僕も頭をグワングワンかき混ぜながら設計案を練っている。

あの日、ミミズのような折り目のついた僕のポケモンカードを見て、母ちゃんは僕の代わりに怒ってくれた。息子が大事にしているカードを全部折り曲げてしまったたいちゃんに対して。けれども僕は平気だと言った。こうすれば、たいちゃんのカードと僕のカードの見分けがつけられるから。そうした方がいいってたいちゃんが言ってくれたから。僕もそれでいいよってたいちゃんに言ったから。僕はたいちゃんのことをかばった。それを聞いて、母ちゃんは少し言葉を詰まらせていた。

両親が共働きだったのだろうか、たいちゃんはいつもおばあちゃんの家にいた。そのおばあちゃんは、たいちゃんのことを甘やかしていた。たいちゃんが欲しいと言ったものは何でも買ってあげていた。だから、たいちゃんは僕の家では買ってもらえないおもちゃをたくさん持っていた。ゲームボーイのカセットも、ポケモンのキラキラカードも遊戯王のカードも、僕よりたくさん持っていた。

僕はたいちゃんとよく遊んでいた。僕より二つぐらい年上のたいちゃんは、年齢の近い兄ちゃんのように僕と遊んでくれた。たいちゃんは僕によく意地悪をした。たいちゃんはちょっぴり悪い遊びも知っていた。行っちゃいけないと言われているところにも、僕を連れて行った。ずっと一緒にいたけれど、たいちゃんと遊ぶのが楽しくて一緒にいたのかは、よく分からなかったような気がする。

ある日の夕方、帰り道、僕と母ちゃんが一緒に歩いているところに、コンビニへ向かう途中のたいちゃんが通りかかった。

「ユウキ、今からコンビニ行くっちゃけど」
「遊戯王おごっちゃろうか」

たいちゃんは、おばあちゃんからもらったたくさんのお小遣いを持っていた。遊戯王カードが一度に10パックも買えてしまうぐらいの、たくさんのお小遣いだった。母ちゃんはすぐさま僕の手をグッと強く引くと、「ごめんね、もう帰らなきゃいけないの」と早足で僕を家まで連れて帰った。そのとき母ちゃんは、あんまり見たことない顔をしていた。唇を噛んで、目元に大きなしわを寄せながらまっすぐ前を見ていた。僕にはどうして母ちゃんがたいちゃんの誘いを断ったのかよく分からなかった。せっかく遊戯王カードをおごってもらえそうだったのに、残念だと思った。夕方だった。家の前の通りに差した夕日は版画のように克明に街の陰影をなぞっていて、そのオレンジ色に染まった通りの先へ、たいちゃんは一人で消えていった。

たいちゃんは、愛を受けていたんだろうか。愛を吸収できていたんだろうか。おばあちゃんからの愛を。両親からの愛を。愛のリソースは有限なんだと思う。体内で消化吸収できただけの愛しか、正しく人に与えることはできないんだと思う。

もしかしたら、たいちゃんはおばあちゃんからの愛で溺れていたんだろうか。吸収できないほどの愛を与えられて消化不良だったんだろうか。だから僕にカードをおごろうとしたんだろうか。嘔吐のように無理やりにでも愛を吐き出さないと、息ができない状態だったんだろうか。母ちゃんはその愛の正しくなさを分かっていたから、遊戯王をおごってもらうのを断ったんだろうか。あの時、ミミズみたいな折り目のついた僕のポケモンカードを見て母ちゃんが怒ってくれたのは、僕に対する愛だったんだろうか。だとしたら、僕がたいちゃんのことをかばった愛は、母ちゃんから受け取った分の愛だったんだろうか。それならば僕はまた、余計な愛でたいちゃんを溺れさせてしまっていたんだろうか。

愛の乏しい一人暮らしに、スーパーのお惣菜は数時間分の愛を供給してくれる。じゃがりこのたらこバター味はいつ食べても僕を愛で満たしてくれる。わさビーフもそう。2リットルのお茶も、コンビニの半額で買えるから愛。これも愛。それも愛。お金で買える愛。僕の買い物カゴは愛で満たされていく。

毎週日曜日は何もしなくてもポイント5倍だったのに、いつからかポイントアップ優待券を出さないとポイントアップしてくれなくなった。優待券は決まった日にしか使えなくて、財布に入れておくとかさ張る。それなのにせっかく優待券を出してもポイント3倍にしかしてくれなくなった。たぶんもう僕には買いに来ないでほしいんだと思う。だから、せめてカゴに満たした愛だけは失われてしまわないように急いでレジ袋に詰める。レジ袋も前まではたくさんもらえたのに、今はお金を取られる。たぶんもう僕には買いに来ないでほしいんだと思う。このスーパーはもう、僕に愛を与える余裕はないんだと思う。それは決して意地悪でそうしているわけではなくて、ただこのスーパーも、愛のリソースが足りていないというだけなんだと思う。

袋詰めを済ませて外に出ると、横断歩道におじさんが倒れていた。

その横を、数人の人と数台の車が通り過ぎていた。やがて一台の車がその近くに停まって、倒れているおじさんの近くに駆け寄った。おじさんは全く動いていなかった。走った。僕は。愛の足りないスーパーへ急いで戻った。ＡＥＤ、このスーパーにありますか。あそこの交差点で人が倒れてて。はい、ＡＥＤはサービスカウンターにございます。走った。レジ袋にパンパンに詰め込んだ愛は重たくて、僕が一歩踏み出す度にビニールの持ち手が指に食い込んだ。こんなに重たい愛を、僕は家で一人で消化しきれるんだろうか。それでも、走った。すみません、交差点で人が倒れてるんでこのＡＥＤ持っていきますね。サービスカウンターのおばさんは驚いた顔をしていた。僕はそのＡＥＤとレジ袋いっぱいの愛を握りしめてまた走った。レジ袋は指にどんどん食い込んでいた。ＡＥＤには、赤いハートのマークが書いてあった。

僕は今、あの知らないおじさんに愛を与えようとしているんだろうか。どうして、貴重なリソースをわざわざ割こうとしているんだろうか。一人暮らしの生活はこんなにも満たされていないのに、どうしてそれでも愛を与えようとしてしまうんだろうか。リソース配分は、大丈夫だろうか。だって設計は、無限の可能性を有限に収めていくことだ。自分の手に負えない愛は、切り捨てるしかないんだ。なのに、どうしてなんだろう。どうしてまだ可能性を切り捨てようとしないんだろう。全然愛は足りていない気がするのに。

信号待ち。倒れていたおじさんはなおも動く様子はなく、その周りを2、3人の人が取り囲んでいた。女性が電話で救急車を呼んでいる。

「あのー！　AED持ってきましたけど、要りますかー！」

交通量の多い道路を挟んで、声をかけた。

「呼吸はしてるみたいなんで、たぶん大丈夫だと思いますー！」

「分かりましたー、一応持っていきますねー！」

知らないおじさん。何の関係もない通りがかった数人が、倒れているおじさんの安全を確認しようとしていた。

「呼吸数、1分15回ぐらいなんで正常ですね」

「脈も大丈夫そうです」

「道路に出てると危ないんで、首をなるべく動かさないように移動させたいです！」

「腰の部分、もう一人誰か持ってもらえますかー！」

僕の生活に、本当に愛は足りていないんだろうか。もしかしたら、僕も愛で溺れてしまっているんだろうか。たいちゃんと同じなんだろうか。きちんと消化できていないだけで、僕はもう既にたくさんの愛を与えられているんだろうか。だとしたら、あのスーパーもそうだろうか。このおじさんも、そうだろうか。

「じゃあ、せーので持ち上げますね」
「いきまーす、せーのっ！」

陽はまだ高かった。天気の良い日曜日のお昼。天を仰ぎたいぐらい気持ちがいい青空なのに、僕はおじさんが静かに横たわる地面に目を落としていた。そこに、陽の光が差していた。おじさんの荒れた肌は表面がギザギザしていて、そのささくれだった白い皮膚に陽の光がキラキラ反射していた。

たいちゃんの家の、あの窓際のようだった。

ボイジャー、散歩、孤独、愛

大学の裏の住宅街の、なんでもない坂道だった。

「あたし、坂道好きなんだよね」

彼女がそんなことを言った。大学で待ち合わせて、二人で気の向くままに散歩をしていた時だった。よく晴れた日だった。自分の好きなことを、大げさなぐらいうれしそうに伝える人だった。

「先がどうなってるか見えないから、なんかワクワクするんだよ」

坂道が好きだなんて力説する人をタモリさん以外に初めて見たので、僕にはその意味がイマイチ分からなくて、適当な相槌を打っていた。彼女が指差した下り坂は、そこから見るとたしかに先が見通せなくて、そう言われてみればたしかに少し好奇心をくすぐられるような感じがした。

結局あの時、その坂道の先がどうなってるかは確認しに行かなかった。それから程なくして彼女にフラれたから、僕は今でもあの坂道の先にどういう景色が広がっていたのかを知らない。大学3年生、専門課程が始まって宇宙工学を学び始めた頃だった。それから僕は、散歩が好きになった。

散歩は、ちょっとした冒険だ。初めて訪れる町はもちろんだけど、何年も住んでる家の近所だってそう。坂道の先、曲がり角の先がどうなってるかは実際にそこに行ってみないと分からなくて、気まぐれにひょいと路地に潜りこめば全然知らない景色、住宅街の中に描画バグみたいに埋め込まれた保全緑地、なぜか「河本」という姓だけやたらと多いお墓、ぴかぴか光るガラクタに囲まれた怪しい一軒家、家の隙間を縫って町内一帯を見渡せる小高い石階段。観光地でもフォトスポットでもないそういう景色、もしも一本隣の路地を選んでいたら出会えなかったそういう景色に、紙一重で出会ったり出会わなかったりする体験の連続が、散歩の醍醐味だ。

ボイジャーという探査機がやったのも、そういう冒険だった。数百年に一度、木星・土星・天王星・海王星がちょうどきれいに並ぶタイミングを利用して、僕らの住む太陽系内の惑星を順番に訪問してやろうという散歩計画だった。

どの惑星も、何十億年も地球と一緒に並走してきて、数百年前から望遠鏡で何度も観測されてきたお馴染みの天体だった。だけどそういう見慣れた天体でも、実際にそこがどうなってるかはやっぱり行ってみないと全然分からなくて、それまで想像していたのとは全然違う景色、木星の月・イオの元気いっぱいな火山、土星の月タイタンの分厚いみかんの皮みたいなオレンジ色の大気、自転軸からなぜか60度も傾いている天王星のヘンテコな磁場、音速の猛烈な嵐が吹き荒れる海王星の濃い大気。

遠くから眺めているだけでは絶対に見られなかった数々の景色、宇宙探査技術が急成長を遂げていたあの時期に、ちょうどあの奇跡的な天体配置が起こらなければ出会えなかった景色、そういうものをボイジャーは見た。それはやっぱり紙一重の体験だった。もしもほんの少し歴史の流れが違ってたりなんかしたら、あの歴史的な太陽系内散歩は実現できてなかったかもしれない。

ボイジャー1号・2号は1977年に打ち上げられて今も地球と通信し続けているけれど、どちらもついに2025年ぐらいには電池の寿命が尽きてしまうらしい。電池が切れた後はもう一生地球とおしゃべりすることはできなくなってしまって、地球に戻ってくることもできなくて、ひたすら何もない宇宙空間を飛び続けることになる。一応、万が一宇宙人たちに拾ってもらえた時のために、人類の存在を伝える金ピカのレコードを持ってたりはするけれど、今世紀中とか近い将来に見つけてもらえる可能性はかなり低い。誰とも話せない、誰にも会えない、何百年、何千年もの長い時間が、この先もボイジャーを待っている。なんともおそろしい孤独。

僕が散歩を好きなのは、それが少しおそろしい体験でもあるからだと思う。見慣れた景色を一歩抜け出せば、知らない誰かの知らない家。そしてその裏にある日々の生活。誰かにとってかけがえのない誰かとの人間関係。そういう無数の人生に取り囲まれると、自分という存在もこの広大な世界の中の繰り返しの一つに過ぎない気がしてくるから、たまにそういうことを確認したくなる。孤独で、心細くて、おそろしくて、だけどちょっぴり刺激的だから、たまにのぞいてみたくなる。

そして、なぜだか知らないけど、その時決まって僕は、愛のことを思ってしまう。突然思い出したように、何かを無性に愛したくなってしまう。自分の住むこの町を大切にしたいとか、この場所のこの角度から見たこの光景を自分の好きな人と共有したいとか、自分のことを好きでいてくれる人とまたこの場所をこの時間に歩きたいとか、急にそういうことを願い始めてしまう。孤独はなぜかいつも愛を連れてくる。おそろしさと温かさと、そういうものがごちゃ混ぜになるところが、散歩の良いところだ。

ボイジャー1号の散歩中、60億キロメートルの彼方から撮った地球を見て、同じように愛のことを思った人がいた。画素にして1ピクセルにも満たない点としてかすかに映り込んだ僕らの地球が、いかに宇宙の中でかけがえのないものかを説いた人がいた。画面上のゴミと見間違うぐらいのそのちっぽけな地球の姿は、「Pale Blue Dot（薄暗くて青い点）」と呼ばれた。ボイジャーの無限のような孤独に見合う、大きな大きな愛だった。

もう一度、あの点を見てほしい。そこに現にあり、私たちのふるさとであり、私たちそのものであるあの点を。あなたの愛する人も、あなたの知っている人も、あなたが伝え聞いたことのある人も、そして、かつてそこにいたすべての人も、みな、そこで人生を送ったのである。（中略）お互いをもっと大切に扱うこと、そして、私たちが知っている唯一のふるさとであるこの「暗い青い点」を守り育んでいくこと、それは私たちの責任であることを、この写真が強く訴えているように、私には思える。

名前も知らない坂道のことを覚えている。学会参加のために一人で訪れた南フランス・トゥールーズの、なんでもない坂道だった。バスが来るまで30分以上時間が空いたので、暇つぶしにバス停の近くを散歩していたのだった。

「あたし、坂道好きなんだよね」

数年前に彼女が言ったあの言葉を、僕はぼんやり思い出していた。あの時、僕が彼女を愛しきれなかったことを思い出していた。僕が彼女にかけてしまった迷惑の一つ一つを思い出していた。よく晴れた日だった。坂の中腹まで登って振り返ると、遠くの木々の中にポッポッポッと埋め込まれたオレンジ色の屋根が見えた。もしもバスの待ち時間が短かったら出会うことのなかった、紙一重の景色だった。観光地でもフォトスポットでもない坂道だった。彼女が好きそうな坂道だった。

孤独はなぜかいつも愛を連れてくる。だから、そのとき僕は愛のことを思っていた。坂道が好きなあの人と別れてから2年ほど経って、僕には結婚してもいいかもしれないと思える恋人ができていた。坂道じゃなくて、紅茶とパンが好きな人だった。いつか歳を取って仕事を辞めたら、フランスで紅茶とパンの店をやりたいなんて言う人だった。坂の中腹からは、なおもオレンジ色の屋根が見えていて、それは彼女が好きそうな街並だった。だから、この場所、この角度から見たこの光景を彼女と共有したくなった。またこの場所をこの時間に、こんな天気の下で彼女と歩きたいと思った。

「先がどうなってるか見えないから、なんかワクワクするんだよ」

彼女と結婚することを、僕はためらっていた。先がどうなってるか見えないことは、その時の僕にはおそろしいことのように思えた。一緒に住もうよと何度も言ってくれた彼女に、僕は曖昧な言葉ばかりを返していた。坂道が好きなあの人を愛しきれなかったとか悔やんでるくせに、結局数年経っても人を愛しきる覚悟なんか持てていないのだった。考えるのが嫌になって忘れたふりをしているくせに、こんなところを散歩してる時だけどうしようもなく感傷的になって、思い出したように無性に何かを愛したくなるのだった。

お別れしようと彼女に言われたのは、その1ヶ月後だった。だから、あの坂道から見たオレンジ色の街並を彼女と共有することは、結局できなかった。

どうして、目の前のものを愛しきれないんだろう。どうして、愛することをつい忘れてしまうんだろう。ボイジャーがあの薄暗くて青いちっぽけな地球を撮って、それに感化された後続の探査機も同じように地球を撮って、宇宙飛行士たちも何度も撮って、そういう写真がたくさん世間に出回って、その度にみんなで口を揃えてそれを美しいと言って、僕たちの地球はかけがえのないものなのだと感動して、愛を叫んで、それでもなお、僕らはそれを愛しきれないことがある。環境も、生き物も、隣の国も、友達も、恋人も、油断しているとつい愛し忘れてしまう。だからこそ、僕たちは何度も宇宙を目指さないといけない。僕たちは、僕は、どうやったって忘れっぽいものだから、思い出したように何度も愛し直さなきゃいけない。宇宙開発というのは、忘れっぽい僕たちのために、僕のためにあるんだろうか。

地球は、広大な宇宙にあって、ごくごく小さな場所でしかない。考えてみてほしい。あまたの将軍や皇帝たちが、勝利と栄光を求めて、このちっぽけな点のそのまた一部でほんの束の間の支配者となるために流された血の川を。また、この点の一角の居住者が、そこととんど見分けのつかない別の一角の居住者のところに攻め入っては振るった、際限のない残虐行為を。そして、いかに頻繁に誤解が繰り返され、互いを殺し合おうとし、激しく憎悪を燃やしたかを。(＊1)

自宅のワンルームに閉じこもって研究をしていたこの2年ほど、何度も散歩を繰り返してきた。でたらめな道を選んで、でたらめな角を曲がって、なるべく見たことのない景色に辿り着こうとしてきた。飽きることはなかったけれど、さすがに同じ町を数百回くまなく散歩しているともう新しい発見もなくなってきてしまったので、最近は散歩ならぬ散

チャリでさらに行動範囲を拡張している。この前ついにちょっとお高い自転車を買ったので、さらに調子に乗ってチャリチャリ走りまわっている。まだまだこの町には、知らない景色がたくさんある。もっともっと知らない景色を見たいと思う。

2年ぶりに彼女から連絡があった。出会いも別れも紙一重だけど、また僕たちは連絡を取り合うことにした。2年前に行けなかったたくさんの場所に、もう一度行く約束をした。

彼女は相変わらず紅茶とパンが好きなようだった。僕はもう一度、愛を思い出す必要がある。つい忘れてしまわないように、今度こそ愛しきる必要がある。彼女と共有したい景色が、たくさんある。小学生の絵みたいに大げさに木の根が張り出した川沿いの急な斜面とか、全てに意味があるはずなのに無意味に複雑に見える工場の配管とか、チビっ子たちが恐怖などこの世に存在しないかのように爆走する団地の脇のスケボーパークとか。忘れないために、いや、たぶん僕はきっと忘れてしまうから、たとえ忘れても何度でも思い出すために、もっともっと知らない景色をたくさん見たい。

*1　カール・セーガン『惑星へ〈上〉』（朝日新聞社／26－28ページ）

父ちゃんとじいちゃんとコロナと太陽

夜空に輝いている星は、全て太陽だ。

そのことを教えると、父ちゃんは口をポカーンと開けたままフリーズしてしまった。どうやら僕が言っていることの意味が理解できなかったらしい。僕が高校生の頃だった。夜、外で二人で何かを待っている時に、何気なくそんな話をしたのだ。

いつどこでそんな話をしたのかはあんまり覚えていないのだけれど、処理落ちパソコンみたいな父ちゃんのあの表情だけはやけに鮮明に覚えている。自分の見ていた世界を突然ひっくり返されてしまった驚きと、新たな世界に放り込まれてしまった興奮とが混じったような、人間くさいフリーズだった。

　夜空に輝いている星は、全て太陽だ。

　そう。知っている人には当たり前のことだけれど、僕らが見ている星は近づいてみれば全て太陽なのである。もちろん火星や金星などご近所の惑星は太陽の光を反射して光っているので例外だけれど、それ以外の星は全て恒星だ。つまり我々の太陽と同じように灼熱に燃え盛り、自ら光を放つ天体である。それってたしかにちょっとびっくりすることだ。クールな澄まし顔でチラチラ光るお星さまと、ギラギラ暑苦しく熱をまき散らすお日さま。竹野内豊と松岡修造ぐらいの温度差に見えるそれらが実は同じ正体だなんて、たしかにちょっとびっくりしてしまう。あの時、僕の言っていることの意味が理解できずに処理落ちしてしまった父ちゃんの気持ちも分かる。

　父ちゃんはあの後フリーズから融けると、しばらく黙ったまま星空を見上げていた。相変わらず口をポカーンと開けながら、じっと星の光を見つめていた。約50年間、父ちゃんにとって星は温度感の欠如した「星」という物体にしか見えていなかったのだろう。本当はその光一つ一つが全て灼熱の太陽なのだと知ったその瞬間、父ちゃんの横顔はいつもより少しだけ宇宙に近づいていた。父ちゃんの目にはたくさんの生き生きとした生命の灯が映っていた。父ちゃんは、無数の太陽に囲まれていた。

太陽は、僕らの生活に大きな影響を及ぼしている。太陽が見えている昼間はなぜだか自信が湧いてきて無敵な気がしてきたり、逆に太陽が見えなくなる夜には急に人恋しくなってしまったり。昼間は誰よりも仕事熱心な上司が、夜になると急に小洒落たバーでムーディーな雰囲気を漂わせてしまったり。斜め30度ぐらいを向いてカウンター席に座り、ソルティドッグの塩を色っぽく舐めてしまったり。他にも太陽活動が激しくなる時期には電波の通信障害が起こったり、北欧ではオーロラがいつもよりたくさん見られるようになったり。

太陽の一挙手一投足は、僕らの地球を大きく揺さぶってくる。だから、太陽は今でも天文学の一大研究テーマだ。つい最近でもNASAがパーカーという太陽探査機を新たに打ち上げるなど未だに注目度が高い分野である。

太陽研究での長年の問題は、太陽上空のプラズマ大気の温度の謎だ。太陽の中心は１５００万℃とめっちゃクソ熱くて、そこから表面に行くにつれて温度は６０００℃ぐらいまで下がっていくのだが、なぜかそのさらに上空にある一部のプラズマ大気はまた１００万℃まで急激に温度が上がっているのだ。コールドストーンアイスでステーキが焼けてしまうような感じか。いや違うか。

まあとにかく直観的にもなんだか不思議な現象で、この謎を説明する有力な説はあるものの、決定打となる説明はまだない。ＮＡＳＡのパーカー探査機もこのプラズマ大気の謎を明らかにすることが一つの大きなミッションになっている。あ、そういえばこの太陽上空の灼熱のプラズマ大気のことを太陽コロナと言う。コロナだ。

そう、コロナだ。コロナ。コロナ、やばい。世界各地で、大きな混乱が起きている。やばい。

幸い体力のある人間はさほど重篤化しないそうなので、僕ら世代にとっては自分が感染したらやばいというよりも、僕らの活動が止められてしまうことがやばい。僕自身も研究所で企画していたイベントの当日に中止命令が出されて色々と面倒な目に遭ったりした。

僕の場合はイベントができなくてまじファック、ぐらいで済ませられたけれど、友人の演劇人たちなんかはマジでやばい状況だ。彼らの命を繋いでいる表現活動の場が本番直前に閉鎖になり、大赤字を喰らっている。彼らの悲痛な叫び、無念の思いを見ていると本当につらい。「不要不急なら自粛して」はたしかにそうかもしれないけれど、表現活動は彼ら個人のレベルではいつだって必要で、いつだって急を要することだ。

なにより演劇で飯を食っている彼らにとってそれはただの遊びや娯楽でなく立派な経済活動である。「会社に行くことは経済活動なので、満員電車は仕方ない！」という意見にはどうも違和感を覚えてしまうし、もしもこの自粛ムードが「みんなが困っている時にイベントをやるのは不謹慎だ！」という例の同調圧力で加速されるようなことがあれば、僕は強くNOと言いたい。あの大きな震災の後、不謹慎という言葉がたくさんの表現を殺してしまったという記憶は、未だに脳みその生温かい部分にこびりついている。

けれど。そうは言っても。やっぱり命に代えられるものは決して、決してない。

「もう、私もたくさん病気を持っていますからねえ。困りますよ」
「今はほとんど外に出ることはないですけどね、どこから病気が飛んでくるか分からんでしょう」
「困りますよ。困ります」

誕生日祝いのためにかけた電話で、じいちゃんは僕にそうぼやいた。ばあちゃんが死んでから17年、「勇貴が大学を出るまでは何としても死なないですよ」と口癖のように言い続けて一人で生きてきたじいちゃん。そんなじいちゃんが電話越しに手渡してくる日々の不安を両手いっぱいに抱えた僕は、そうだね、と肯定するので精いっぱいだった。

僕にとっては大した病気でなくても、じいちゃんには致命的だ。僕だってもしコロナが、「感染したら5分の1の確率で死ぬ病気」だったとしたら、さすがにこわい。そういう恐怖をじいちゃんは味わっている。そして他にもたくさん味わっている人がどこかにいる。そして、それぞれの人にまだ生きたい理由がある。もし人が大勢集まるイベントから感染が拡大していき、じいちゃんの世代にも大量に感染者が出てしまうことになったら取り返しはつかない。

じいちゃんは今年も無事に誕生日を迎えられたけれど、それは全然当たり前じゃない。そのことを、じいちゃん自身が一番実感しながら懸命に生きている。そんな切実な思いに触れてしまうとやっぱり、命に代えられるものは決して、決してないと思う。

みんな太陽だ。人間はみんな灼熱の太陽だ。太陽の一挙手一投足が地球を揺さぶるように、身近な人たちの苦しみは僕を激しく揺さぶってくる。Ｔｗｉｔｔｅｒに流れてくる友人たちのイベント中止の知らせにやるせなさを感じているのと同じ頭の中で、じいちゃんのあの困り果てた声がわんわん反響している。

みんな必死だ。みんな命を削ってこの瞬間を燃えている。そんなたくさんの太陽に囲まれて、僕はただその灼熱の中を体育座りで耐え忍ぶことしかできない。みんな大切だからこそ、何の言葉もかけられない。そうだね、と肯定することしかできない。お医者さんのように命を救うこともできない。無力だ。宇宙機を美しい軌道で飛ばしても劇団の損失はなくならない。太陽コロナの謎を解明してもコロナの感染は止まらない。無力だ。実に無

郵 便 は が き

お手数ですが
切手を
お貼りください

1 6 0 - 8 5 7 1

東京都新宿区愛住町 22
第3山田ビル 4F

(株)太田出版
読者はがき係 行

お買い上げになった本のタイトル：

お名前

性別 男・女

年齢 歳

ご住所 〒

お電話

e-mail

ご職業

1. 会社員
2. マスコミ関係者
3. 学生
4. 自営業
5. アルバイト
6. 公務員
7. 無職
8. その他（ ）

記入していただいた個人情報は、アンケート収集ほか、太田出版からお客様宛ての情報発信に使わせていただきます。

太田出版からの情報を希望されない方は以下にチェックを入れてください。

□ 太田出版からの情報を希望しない。

本書をお買い求めの書店

本書をお買い求めになったきっかけ

本書をお読みになってのご意見・ご感想をご記入ください。

＊ご投稿いただいた感想は、宣伝・広告の目的で使用させていただくことがございます。あらかじめご了承ください。
＊太田出版公式HP（http://www.ohtabooks.com/）でもご意見を募集しております。

力だ。

灼熱の炎は勢いを増している。制御が利かなくなった炎が集まって大きな火柱が上がる。ネットが、炎上している。僕は眉間にぎゅうぎゅうに寄せたシワをなぞりながらその言葉たちを眺めている。


「なんで僕らは我慢しているのに年寄りは平気で出歩いてんの？」

「若者より老人を外出禁止にしろ！」

「休校の小学生を外出させるな！」

「親がバカだから子供が出歩くんだろ」

「ジジイ濃厚接触１４０６人とかクッソｗｗｗｗ」

「今の若い連中は危機感がなさすぎる」

「皆が自粛中のこんな時に卒業旅行なんて社会人失格だ」

「誰だよトイレットペーパー買い占めてるやつ。しね」

「買い占め老害はいらん」

「弱者なら弱者らしく淘汰された方が自然だろ」

「あれ？　老害がバッタバッタ死んでけば全て解決でね？」

「いいから中国は謝れよ」

「だから中国は嫌いなんだよ」

「コロナが終息しても引き続き中国人の入国規制よろしく」

「私たちの税金で買ったマスクをなんで朝鮮人に渡すの？」

「さいたま市は犯罪国家を支援した！」

「スパイ養成学校にマスクを渡すな」

「どうせ国に横流しにするんだろ」


人間は、みんな太陽だ。どんなに暗い六等星でも太陽だ。どんなに温度感の欠如した存在に見えても、命を削りながら懸命に燃える太陽なのだ。そのことを忘れてはいけないと、強く強く思う。

だって顔も名前も知らない人間はこわい。聞き慣れない言語は、聞き慣れないというだけで耳障りだ。耳障りな言語を話す人たちは、なんだかうっとうしい。それはそうだ。そういうものだ。分からないものはやっぱりこわい。

「ちょっとお得意先の電話対応よろしく。相手はペゴロモゴロ語しかしゃべれないから頑張って」とか言われたら泣きそうになる。こわいから。そんで、もし相手がペゴロモゴロ語がさも公用語かのようにベラベラ話してきたりしたらキレそうになる。むかつくから。だから適当な、温度感の欠如した名前でくくって遠ざけたくもなる。「これだからペゴモゴ野郎は！」とか言い捨てたくもなる。分からないままはこわいから、悪者だと決めつけてでも安心したくなる。

でもだからこそ、想像することを決してやめてはいけない。「若い奴ら」「年寄り」「中国人」「朝鮮人」とくくってしまうことで失われてしまう温度感を、想像力で補わないといけない。相手も自分と同じ理由で懸命に生きたいと思っているかもしれないと想像しなければいけない。

電話対応ではむかついたペゴモゴ野郎も、会って話してみたら案外自分と変わらない奴だったりするかもしれない。案外同じようなことを考えていたりするかもしれない。同じようにむかついていて、同じようにこわがっていて、同じようにお腹がすいていて、同じように風邪をひいて、同じように涙もろくて、同じようにエロくて、同じように自分のじいちゃんを愛しているかもしれない。「年寄り」だって同じかもしれない。「朝鮮人」だって同じかもしれない。

僕はその想像力を信じている。あの日の父ちゃんの横顔を信じている。たくさんの太陽を想像して少しだけ宇宙に近づいていた、父ちゃんのあの横顔を信じている。

僕は無力だ。劇団は赤字だ。ウイルスは容赦ない。励ましの言葉すらかけられない。アンパンマンは助けてくれない。全員をハッピーにする方法なんかない。けれど、今この瞬間から想像することはできる。分からないものを、分からないまま肯定することはできる。この大混乱の中で僕にできることはそれしかない。それしかないけれど、それがあればきっと少しだけ、他者への攻撃を踏み止まることができると思う。少しだけ、「死ね」「うざい」「消えろ」を躊躇することができると思う。だから、想像力を信じている。僕は、想像し続ける。

研究所を出る。夜10時。自転車を漕ぐ。寒い。5000円で買った安物のコートは1ヶ月でほぼ全てのボタンがちぎれてしまった。なんでだ。安物だからか。ボタンが留められず、仏像でもないのにご開帳状態になっている僕のおなかに、冬の夜風は容赦なく吹き付ける。寒い。クソ寒い。腕しか守れてない無意味なコートは呑気にヒラヒラ風に舞っている。

車のいない横断歩道を雑に横切る。いつもの道のいつもの住宅街の窓の明かりが、いつもよりたくさん気になる。あの窓の明かりは「窓の明かり」という光じゃなくて、あの家に暮らす人の手元を照らす光だ。全然実感ないけど、そうだ。みんな、外出禁止で何してんだろう。ゲーム放題だー！って喜んでんのかな。友達に会えなくて寂しがってんのかな。やっぱり年寄りにキレてたりすんのかな。そのお隣さんは「最近の若い奴は！」とか言ってんのかな。マスク買い占めるために今日は早く寝んのかな。あんまり何も考えずにYouTubeとか見て夜更かしすんのかな。

生きてんだな、みんな。燃えてんだな。不思議だな、こんなに寒いのにな。

自転車を北に向けるとおおぐま座が見えた。北斗七星だ。そのα星とβ星の延長線上に北極星が輝いていることを、いつも通り確認する。あれも太陽なのか。燃えてんのか。こんだけ自分で言っときながら、やっぱ実感はないや。

僕の目にはたくさんの光が映っている。たぶん僕は無数の太陽に囲まれている。たぶん。たぶんそうだ。自分の体温すら見失いそうな寒さの中、懸命に想像する。その体温を想像する。きっと世界は思ったよりも温かい。温かくなる。きっと、春は近い。

カオスと後悔の物理学

「今年も、ゴールデンウィークを故郷で過ごす人たちの帰省ラッシュが始まっています」
「各種交通機関のUターンラッシュは、本日ピークを迎えようとしています」
「上り線、大和トンネル付近で10キロメートルの渋滞が発生しております」

こんなニュースを、今年も聞くんだと思ってた。

静かなゴールデンウィークだった。こんなに静かなゴールデンウィークが来るなんて、コロナ禍の前に誰が予想できただろうか。人生ってほんと予測不可能だ。僕もまさか、無料配信になったでんぱ組.incのライブを観ながら一人自宅でペンライトを振るゴールデンウィークになるとは思ってもいなかった。全くゴールデン味のない日々を嘲笑うかのようにペンライトはゴールデンに光り輝いていた。

この世の中には、どんなにすごいスーパーコンピュータで計算しても絶対に予測不可能であることが数学的に証明されてしまっている物理現象がある。ちょっと宇宙での例を挙げてみよう。

天体の重力だけを受けながら宇宙空間を動いている宇宙機は、楕円の軌道を描きながら飛んでいく。これは高校の物理学や地学とかでも習ったかもしれない。ケプラーのなんちゃら法則みたいなやつ。こういう2つの物体の間での運動は、「二体問題」と言って数学できれいに解けてしまうことが分かっているのだけれど、ここにもう一つの天体が加わって「三体問題」になっただけで、実はとたんにきれいに解けなくなってしまう。そしてただ複雑になるだけでなくて、将来の動きを完全に予測することが不可能になってしまうのだ。

例えば、万有引力だけを受けながら運動するA、B、Cの三つの物体の三体問題を考えよう（＊1）。さらにこのA、B、Cと全く同じA'、B'、C'を用意して、A'のスピードをほんのすこ〜し（0・000000001%ぐらい）だけAのスピードからずらしておく。現実では全く観測できないほど小さなズレだ。この状態でA〜CとA'〜C'を全く同じ位置から同時にスタートさせて運動のズレを見ることにする。

最初に与えた0・000000001%というスピード差は、二体問題ならば時間が経っても位置のズレがほとんど見えないほど十分小さい。同じように三体問題でも、途中までは両者の軌道のズレは全く見えないのだが、ある瞬間から唐突に二つの軌道がズレ始め、そのズレはまたたく間に大きくなっていき、ぐちゃぐちゃバラバラな運動になる。両者の軌道とも、規則性は全くない。そして最終的に遥か彼方へ飛び去っていく方向も全く異なる。なんともカオスな状態だ。そう、実は数学・物理学の世界でもまさにこの現象を「カオス」と呼ぶ。れっきとした専門用語として「カオス」な状態なのだ。

カオス。カオス。かっこいい響き。

「くっ！　出たな、デスペラードカオス！」

「喰らえっ！　カオスコントロール!!」

しかし、厨二心をくすぐられている場合ではない。カオスはおそろしい。

このカオスというのは「単にランダムでぐちゃぐちゃな状態」とは全く異なる。実際このシミュレーションの計算でも、それぞれの物体の一瞬一瞬の運動はきちんと運動の方程式という秩序に従っている。運動自体にはランダム性はなくて、完全に方程式で未来は決まってしまっている。それなら予測できるんじゃね？と思いきや、カオスな運動ではほんの少しでも誤差があるとその誤差はまたたく間に急成長してしまうことが証明されている。今回は０・００００００００１％のズレにしたけど、これより１万倍小さなズレにしてみても、１００億倍小さなズレにしてみても、やっぱり同じように最終的に必ずぐちゃぐちゃバラバラになってしまうのだ。そして当然、現実世界でも無限の精度でスピードを測ることも制御することも不可能だから、結局、三体問題では遠い未来の運動まで予測することは絶対に不可能ということになってしまうのだ。

その一瞬一瞬では問題なく予測できているように見せかけて、全体としては正しい予測が絶対にできないというおそろしさ。ある都市伝説によると、博士論文の最終審査の時に

「あれ、君、カオスの計算しちゃってね?」と教授に指摘され、一発不合格にされた学生がいたらしい。カオスはおそろしい。実際の宇宙ミッションでも、そういうカオス的な領域に入ってしまったら宇宙機の制御は非常に大変なことになる。

「ふーん、宇宙ってやっぱり複雑なんだなー(鼻ほじほじ)」

と思っているあなた。鼻から指を抜きなさい。他人事ではない。

カオスは珍しいものではない。現実なんてほとんどのものがカオスだ。入試問題で出てくるような解ける方程式なんてほんのわずかで、ほとんどの方程式がきれいには解けなくて、ぐちゃぐちゃで、カオスだ。世界はどこもかしこもカオスなのだ。

そもそも人間がカオスだ。人間の行動なんてきれいに解ける方程式で全部表せるわけがない。恋愛の方程式がどうのこうのとか言うけれど、たとえ好きな人との一対一では通用しても、たった一人の恋敵が登場するだけでたちまち関係は複雑ぐちゃぐちゃドロドロになってしまう。三体問題。三角関係。自分自身でも気づきもしないようなほんの少しのすれ違いで、別れたり付き合ったり、あなたのことが好きかもしれない、好きじゃない気がする、好き、好きじゃない、好き、好きじゃない。ああ、カオス。というか三体問題どころではない。学校のクラスなら四十体問題、学年全体で二百体問題、職場で町内で千体問題、地球の裏の名も知らぬ人のちょっとした行動で世界は気づかぬうちに変わってしまって、巡り巡って七十七億体問題。その七十七億体問題の中に僕らの人生はある。人生は真の意味でカオスで、予測不可能だ。

途方に暮れてしまいそうになる。人生がそんなにもカオスで、全く予測不可能だなんて。そんなのどうしたらいいんだ。22歳で就職、28歳で結婚、30代で出産、40代でマイホーム、昇進、退職、娘の結婚、孫の誕生……。そんな人生設計も全て、カオスの闇に呑み込まれていく。お先真っ暗みたいじゃないか。

この点、カオスに対する工学の態度ははっきりしている。とにかくカオスを避けることだ。例えば三体問題と言えども、その一瞬一瞬ではきちんと方程式に従うから、短い時間だけなら動きを予測できる。だからこまめに観測して、少しだけ動きを予測して、ずれている分を修正して、また観測して、予測して、修正する。計画通りにいかなかったことは、計画通りにいかなったまま受け入れて、改めてその誤差も含めた目標を設定し直して前に進む。そうやって、予測不可能な状態に陥る前に最善の手を打ち続けるのだ。

そうして工学は人間を乗せた宇宙船を正確に月へ辿り着かせたり、3億キロメートル彼方の小惑星に60センチメートルという精度で探査機を着陸させたりする。工学は賢明で、前向きで、偉大だ。

人生もそんな風に生きられたら、どこまでも遠くに行けるのだろうか。どうせ予測できない遠い将来のことなんかにくよくよ悩むことなく、目の前の現実を受け入れて、目標を更新して、決断する。過去も振り返らない。だって仮にその過去を変えられてもそれが本当に現在の自分に良い影響を与えるかも予測できないことだから。カオスだから。だからうじうじ後悔しない。目の前とほんの少し先の未来だけを見据えて一目散に走り続ける。一年先のことは分からないから、一日先のことに集中する。昨日のことはしっかり反省して、一年前のことに振り回されない。

そんな風に生きられたらいい。将来の不安も後悔も、全部無意味なものだと割り切って突き進みたい。そうすれば、こんなちっぽけな地球なんか飛び出して遥か宇宙の彼方にも行けるかもしれない。

小学3年生の頃、Sモトくんという親友がいた。「モト」の漢字が「元」だったか「本」だったかもはっきり思い出せないけれど、当時彼とよく遊んでいたことは覚えている。4コマ漫画を二人でよく作っていた。漫画と言っても紙に書くのではなく、一コマ一コマを二人で交互に身体で表現していくという遊びだった。前衛的すぎる。前衛的すぎるけれど、当時の僕らは前衛的だなんてこれっぽっちも思ってはいなくて、ただただ夢中でゲラゲラ笑いながら遊んでいたのだった。

彼とケンカをした理由は、しょうもないことだった。彼が僕の家に遊びにきた時に、僕の兄の釣りゲームのおもちゃを壊してしまったのだ。手が滑って釣り竿を壁に投げつけてしまい、竿の部分がポッキリ折れてしまったのだった。もちろんわざとではなかったし、その時Sモトくんも謝ってくれたと思う。けれど僕は拗《す》ねていた。拗ね散らかしていた。そのままずっと拗ね続けて、気まずいムードのまま何十分か過ごして、Sモトくんは「そろそろ帰るよ」と言って、玄関先で「今日はなんだか楽しくなかったなあ」と呟いた。僕は、なんだか、どうしても、その一言が許せなかった。

その日からSモトくんとは遊ばなくなった。僕はSモトくんのことを避けて、陰で彼の悪口を言った。Sモトくんは他の友達と遊ぶようになった。僕も他の友達と遊ぶようになった。Sモトくんも僕の悪口を言っていたかは分からない。僕はまだ生まれてから10年も経っていなくて、幼くて、野蛮で、残酷だった。

それからほどなくしてSモトくんは引っ越すことになった。Sモトくんの最後の登校日の放課後、彼の周りをたくさんのクラスメイトが取り囲んで別れの言葉をかけていて、その輪から外れたところに僕は一人で立っていて、でも、なんか言わなきゃと思って、その人だかりに近づいていって、ガサガサッとクラスメイトをかき分けて、Sモトくんと1秒間だけ握手を交わして、そのまま逃げるように走り去った。それが最後だった。Sモトくんが僕の握手に気づいていたかも分からない。結局ひとことも、言葉をかけることはできなかった。僕は、幼くて、野蛮で、残酷で、弱虫だった。

素直にごめんと言っておけば、Sモトくんと仲直りできたのだろうか。引っ越した後もたまに会いに行くぐらいの仲でいられたのだろうか。もしかしたら、15年以上経った今でも友達でいられたりしたのだろうか。

でもカオスだ。人生はカオスだ。予測不可能だ。あの時ああしておけば今はこうなっていたはずなのに、なんて予測は不可能だ。だから遠い過去のことを後悔するなんて無意味だ。そんなことに振り回されず、さっさと前に進むべきだ。そうだ。その通りなんだけど。後悔しちゃうなあ、やっぱり。後悔しちゃうよ。だって、無意味だけど、その通り本物だ。僕の後悔は本物で、僕だけのもので、誰にも渡したくない。

いろんな人が、いろんな後悔を抱く。

「あの時、素直に好きって言えば良かった」
「諦めずにバンド続けてれば良かった」
「もっと留学とか挑戦しておけば良かった」
「なんで一言声をかけてあげられなかったんだろう」
「最後って分かってたらもっと優しくしてあげたのに」

「あの時自分が引き留めていれば、こんなことにはならなかったのに」

できれば、不安も後悔も全部振り払ってどこまでも遠くへ走りたいけれど、時には後悔だってしっかりと抱きしめたい。手の届くところにしまっておいて、たまに見返しては適切に落ち込みたい。ダメだなあ。人間だなあ。工学みたいに賢くはなれないなあ。だけど、後悔があるから人は人なのかもしれない。Sモトくんのことを後悔しているから、僕は僕なのかもしれない。

在宅での研究活動もかれこれ2ヶ月が経とうとしている。最近は本当に研究、散歩、買い物、ランニング以外の行動を取っていない。ギャルゲーでももう少し行動パターンがある。これじゃあフラグの一つも立たない。というか、たとえ空から降ってきた美少女をキャッチしても「すみません、密はちょっと……」とか言って逃げられるに違いない。なんという世の中だ。

買い物に行く。19時はお惣菜の値引きの時間だ。店員さんが「触れるもの全て半額にする装置」で白身魚のフライをピッとやると、すかさずおばさんが手を伸ばす。それを見ていた男子大学生はあくまで平静を装いながら、店員さんの次なる半額ターゲットへ先回りを始める。そこへもう一人の店員さんが登場。三体問題だ。軌道が複雑になっていく。さらに主婦が加わり、老夫婦が加わり、四体問題、五体問題、六体問題。ああ、カオスだ。カオス、カオス。工学者の端くれとしては、とにかくカオスは避けるに限る。ここは賢明に、お惣菜コーナーは素通りすることにしよう。いや待て、メンチカツが美味そうだ。メンチカツだけ買おう。あ、クソ、取られた。え、あのコロッケめちゃめちゃ安いじゃん。いや待て、昨日もコロッケ食べたよな。やっぱりこっちの健康そうなサラダにするか。あれ、でもサラダは半額じゃなくて2割引なのか。どうしよう。あ、コロッケ取られた！てめえコノヤロー、許さんぞ!!

工学みたいに賢くはなれないなあ。

＊1　著者の作成したYouTube動画を参照。
https://youtu.be/5t3J5--Cumk

後輩クンとはやぶさとバブル

はやぶさ2が地球に帰ってきたあの日、後輩クンの目は輝いていた。

2020年12月6日。3億キロ彼方の小惑星リュウグウから地球に帰ってきたはやぶさ2が、カプセルを地球に届ける日だった。歴史的な瞬間を、僕は後輩クンと一緒の部屋で見守っていた。深夜2時半だった。部屋は薄暗かった。僕と後輩クンがじっと見つめる画面の中を、白く淡いカプセルの光は右端からぬうっと現れ、またたく間に輝きを増し、ビューーーーーーーーーーーーーーーン、と、僕も後輩クンも夢中で拍手して、やがて、画面左端に見えなくなった。うおおおおおおおおお、と言った。あっという間だった。

時刻は相変わらず深夜2時半で、部屋は相変わらず薄暗くて、それなのに、僕らの目にはいつまでもそのビューーーーーーーーーーーーンが焼き付いていて明るかった。そう、あの時たしかに、後輩クンの目は輝いていた。

はやぶさ2は凄まじいプロジェクトだ。初代はやぶさで起きた問題、失敗した運用を全てミスなくクリアし、想定外に巨岩だらけのおそろしい地形も見事に攻略し、さらに弾丸を小惑星に打ち込んで地下の砂を採取するという、初代にはなかった超高難易度ミッションまで完璧に成功させた。ちっぽけな機体に小型着陸機や分離カメラなどの飛び道具もこれでもかとモリモリ盛り込んで、これまで誰も見たことのない映像をたらふく地球に届けた。そして最後の最後まで抜かりなく、寸分狂わず、カプセルを地球に帰還させた。

僕も後輩クンもはやぶさ2プロジェクトにはお手伝いとして関わっていただけに、間近で見る先輩たちの偉業の数々には毎度ため息が漏れた。ついに大気圏突入の閃光を見届けたあの日は、「おいおい、本当に完璧にやっちゃったよ……」と呆然とし、「やべぇ、次僕らの番じゃん」と否が応でも身が引き締まる思いをしながら目を輝かせていたのだった。「マジやばいっすね～……」「やっちまいましたね～……」と、ひたすらに語彙を失っていた後輩クンも、きっと僕と同じ気持ちだったのだと思う。先輩たちの設置したクソデカハードルを見上げながら、しかし、後輩クンの目は輝いていた。

後輩クンの目は、初めて会った時から輝いていた。僕がまだ研究室に入りたての頃の、新入生の研究室選びのための説明会。当時新歓担当だった僕は、新入生に来てもらわないと先輩たちに白い目で見られてしまうので、必死のプレゼンを繰り広げていた。わーわーわー、研究室はこんなに面白くてね面白くてね、学生どうしこんなに仲が良くてね、こんなにすごい研究をやってるんだよるんだよわーわーわーぎゃーぎゃーぎゃー、その時、ひときわ興味深そうに僕の話を聞いてくれている学生が目に入った。それが後輩クンだった。

テンパるとすぐに周りが見えなくなって暴走する僕は、後輩クンのその目を見たおかげで少し落ち着きを取り戻すことができて、だからその後のプレゼンはほとんどずっと後輩クンに向けてしゃべっていたような気がする。後輩クンはそれからうちの研究室に入ってくれて、僕の直属の後輩になった。僕らの研究室は、はやぶさプロジェクトのリーダーをしていた先生の研究室で、いわば「はやぶさ研究室」だった。だから僕と後輩クンはその日から、未来のはやぶさを率いることになるかもしれない同志になった。

僕や後輩クンの世代は、２０１０年のはやぶさの奇跡の生還と、その後の一連のはやぶさブームを中高生の時に味わった世代だ。恐らく、この世代ではやぶさに影響を受けずに宇宙業界に入ってきた人などほとんどいないと言えるぐらい、凄まじい影響力だった。

それまではＪＡＸＡの説明をするときは「ＮＡＳＡの日本版みたいなやつがあってね……」と言わなきゃいけなかったのが、はやぶさブーム以降は「ＪＡＸＡ」と言うだけで誰にでも理解されるようになった。小学生にも中学生にもお父さんお母さんにもおじいちゃんおばあちゃんにも、「ああ、あのＪＡＸＡね」と認知されるようになった。それは間違いなくはやぶさの影響だった。

そもそものミッション内容自体が凄まじかった。小惑星から物質を持って帰ってくるサンプルリターンは宇宙探査の中でも最高難易度のミッションで、当時はＮＡＳＡですらリスクが大きすぎて手を出せていないものだった。そんな中、当時まだまだ宇宙探査ひよっこ状態の日本が、ふくらはぎを攣《つ》るくらいめいっぱいの背伸びをして打ち上げたのが、はやぶさだった。ＮＡＳＡ側も、「なるほど、そりゃあ野心的で良いミッションだねえ」なんて言ってたらしいけど、本当に日本がやれると思ってた人はほとんどいなかっただろう。

そんな状況で、紆余に曲折、満身に創痍を重ねながら本当に最後までやり切ってしまったんだから、凄まじいプロジェクトなのだ。

うちの研究室の先生は、そんなプロジェクトを率いていた人だった。負けず嫌いで、誰よりも諦めが悪い人だった。いつまでもどこまでも論理的に解決策をひねり出しては、「こうすればできるはずだからもう一回やりましょう」と当たり前のように言う人だった。凄まじいプロジェクトに相応しい、凄まじいリーダーだった。

――当時の日本には、今とは違う活力や、ポジティブな考え方があったように思います。――

先生たちのはやぶさプロジェクト（別名、ＭＵＳＥＳ－Ｃ計画）が正式に始まった時、どうやら日本はそこそこ元気だったらしい。１９９５年、ちょうど後輩クンが生まれた年だった。僕は１歳だった。先生は40歳だった。

――いわゆるバブル経済は１９９２年ごろに弾け、株価も暴落していきましたが、――

世の中全体にはそれでも「新しいことを積極的にしていくべきではないか」いう空気が残っていましたね。それもあって、リスク要因の多いＭＵＳＥＳ－Ｃ計画も進行できたのではないでしょうか。私たちもフレキシブルに、大胆に動ける空気がありましたし、そう動くことが求められていました。（＊１）

経済の泡が弾け、関西に大きな震災が起こり、地下鉄にサリンが撒かれ、「Hey Hey Hey Girl どんな時も　くじけずにがんばりましょう（＊２）」、とＳＭＡＰが歌っていた頃だった。厳しい時代でも、それでも前を向こう、自信を失わず世界をリードしていこうという気概に満ちていた頃だったんだと思う。１歳だったから知らんけど。

けれど、はやぶさ2の時はそうじゃなかった。バブル崩壊を引きずったまま「失われた20年」だなんて言われ始めた２０１０年代はじめの頃、日本は全然元気じゃなかった。事業仕分けが始まり、はやぶさ２プロジェクトは17億円の予算要求をしたのに３０００万円しかお金をもらえなかった。２年後には30億円の予算が付いたけれど、それも要求の半分以下だった。東北に大きな津波が押し寄せ、原発が壊れ、見たこともない円高が起こり、篠田麻里子がジャンケンでセンターを勝ち取った頃だった。

――国民に自信と希望を与える政策がとられているのか、率直に申して、大いに疑問を感ずるところです。

先生は、叫んでいた。

――はやぶさ初代が示した最大の成果は、国民と世界に対して、我々は単なる製造の国だったのではなく、創造できる国だという自信と希望を具体的に呈示したことだと思う。
自信や希望で、産業が栄え、飯が食えるのか、という議論がある。しかし、はやぶさで刺激を受けた中高生が社会に出るのはもうまもなくのこと。

僕と後輩クンは、まさにその、はやぶさで刺激を受けた中高生だった。生まれてからずっと、失われた10年、20年と並走してきた世代だった。景気の良いニュースなんか全然見たことがなくて、なんだか国にはいっぱい借金があるらしくて、僕らの老後には年金はもらえないらしくて、大人たちはもう子供を産みたくないらしくて、サブプライムローン、リーマンショック、で、島田紳助の歌詞が、「頑張れ日本　凄いぞ日本　立ち上がれ今だ日本　美しく　高く　飛べ　誇り取り戻すために(＊4)」、で、失ったつもりもないのに失われた誇りを取り戻さなきゃいけないらしかった。生まれてからずっと何かが失われていて、その何かを見たことは一度もなかった。

これまで閉塞して未来しか見ることができなかった彼らの一部であっても、新たな科学技術で、エネルギー、環境をはじめ広範な領域で、インスピレーションを発揮し、イノベーション（変革）を目指して取り組む世代が出現することが、我が国の未来をどれほど牽引することになるのかに注目すべきである。こうした人材をとぎれることなく、持続的に育成されていかなくてはならない。(＊3)

僕と後輩クンにとって、はやぶさは希望だった。日本にはまだ世界に誇れるものがあると胸を張らせてくれるものだった。僕たちが研究の世界に足を踏み入れる大きな理由だった。研究室の多くの学生は修士を卒業して就職した。僕と後輩クンは博士課程の学生として「はやぶさ研究室」に残った。だから、僕と後輩クンは未来のはやぶさを率いることになるかもしれない同志だった。

後輩クンが博士課程に進学した4月に、初めての緊急事態宣言が発令された。僕と後輩クンはそれぞれのワンルームに閉じこもらなきゃいけなくなった。毎年恒例の研究室旅行がなくなった。歓迎会と忘年会と送別会がなくなった。急な思いつきで誰かの家で始まる宅飲みがなくなった。失われた。失われた1ヶ月、6ヶ月、1年、2年。後輩クンと話す機会がどんどん失われた。これは失われた40年の始まりなのだと誰かが言った。また、僕らの生活から何かが失われた。

僕が卒業する直前、後輩クンが研究室を辞めるらしいと聞いた。退学して、就職するらしかった。突然だった。相談に乗る機会もなかった。詳しい事情はよく分からなかった。だけど、後輩クンの意思は固いようだった。

宇宙開発は、国民に自信と希望を与えるためにあるらしい。自信や希望で、産業が栄え、飯が食えるのか、という議論があるらしい。僕にはよく分からない。はやぶさは間違いなく僕と後輩クンに自信と希望を与えてくれて、けれど僕らは生まれた時からいろんなものを失いすぎたような気がしていて、自信と希望だけでは飯を食えない実感があって、そう、博士課程の学生は激しい研究費競争を勝ち抜いてもなお貧困層で、なんJのスレには「『宇宙開発』って税金の無駄やないのか？」と書かれていて、そう、

「お金に困ってる人はたくさんいるのに研究者や技術者の自己満を優先するのか」

「社会保障とかに回した方がいいのでは」

そう、そう、

「お前ら宇宙開発と相対的貧困にあえいでる子供のどっちが大事なんや？」

そうね、

「無駄ではないけど優先するようなことではない。だから蓮舫が仕分けしたんやろ」

「太陽が消滅するとかいうけどその頃にはワイ生きてないし宇宙開発にかかってる金全部ワイに寄付してほしいわ」

そう、そうだなあ、

「日本の宇宙開発って夢しか語られんよな」

「日本の宇宙開発が何か実益もたらしたんか？」

「アメリカは金儲け主義の民間に宇宙開発移譲して大成功してるで？」

「税金で遊ぶのはもうやめようや」

そう、そうね、そう、そうかあ、

そう、

そうだけど、そうなんだけど、希望がなくなったらダメじゃないか。失われてばっかりの僕らの30年から、楽しい話まで失われたら悲しいじゃないか。馬鹿みたいに壮大な世界に馬鹿みたいに本気で挑んでみたいじゃないか。時代に呑まれるばかりが人生じゃないじゃないか。だって僕らの人生は一度なんだから、生きてる時ぐらい胸を張りたいじゃないか。

後輩クンのブログを読む。2019年4月のブログ。はやぶさ2が弾丸を打ち込んで地下の砂を採取する超高難易度ミッションを成功させて、原発事故で福島県大熊町に出されていた避難指示が初めて解除されて、「ドールチェアーンドガッバーナーの　その香水のせいだ」と瑛人が言っていた(*5)頃だった。

―「大きなこと」を成すには、「大人数」の力が必要だ。実際に、宇宙科学、宇宙―

工学と呼ばれる分野の研究者・技術者はもちろんそう。けれども、いわゆる世論、大衆の支持、力があってこそ、成し遂げられる。

私ひとり気張ったところでたかが知れてる。

後輩クンは、たまに熱いことを言う人だった。言いたいことを言う人だった。僕は彼のそういうところが好きだった。

だから、これを読んでくれているあなたに伝えたい。

あなたの心の中の、そのキラキラ輝いてちょっと熱を帯びたものを、捨てないで、宿し続けてほしい。（＊6）

後輩クンは、車の自動運転の研究をする部署で新しく働くのだと聞いた。後輩クンの心の中の、キラキラ輝いてちょっと熱を帯びたものは、まだ宿ってるのだと聞いた。エンジニアとしてグレードアップして、宇宙分野の外で新しい仲間を作って、いつかまた宇宙開発がしたいのだと聞いた。後輩クンの目は、まだあの日みたいに輝いていたのだった。僕らはまだ、未来のはやぶさを率いることになるかもしれない同志なのだった。そうだ。時代に呑まれるばかりが人生じゃないじゃないか。僕らの人生は一度なんだから、生きてる時ぐらい胸を張ろうじゃないか。宇宙開発は自信と希望を与えられるじゃないか。僕と後輩クンはあの時の先生のように、中高生に自信と希望を与えられるじゃないか。

そうじゃないか。

＊1　「その計画に、前例なし。「はやぶさ」が地球に帰還するまで」プロマネ・川口淳一郎の履歴書―ぼくらの履歴書―トップランナーの履歴書から「仕事人生」を深掘り！」（en-japan.com）https://employment.en-japan.com/myresume/entry/2021/04/13/103000

＊2　SMAP「がんばりましょう」作詞：小倉めぐみ／作曲・編曲：庄野賢一

＊3　永山悦子『はやぶさと日本人　私たちが手にしたもの』（毎日新聞出版／51－55ページ）

＊4　アラジン「陽は、また昇る」作詞：カシアス島田、作曲：高原兄、編曲：斎藤文護、岩室晶子

＊5　瑛人「香水」作詞・作曲：8s

＊6　来たる令和を肴に、夢（うつつ）のお話「デイビッドの宇宙開発ブログ」http://spacedavid.com

影を見ている⇕自分を見ている

「ん～」

「ん～～」

「ん～～～……」

時刻、夜8時過ぎ。宇宙科学研究所、屋上。雲を眺めている。

「……」

「………」

「…………」

屋上でたまたま居合わせた、ちょっと面識のある職員さんと全然面識のない職員さんと僕、で3人。その3人で、無言で雲を眺めている、と、誰かが口を開く。

「まあ月食ってどんどん光らなくなっていくイベントですもんね……」

「そりゃあ雲に隠れたら見えませんよねえ……」

「ですよねえ……」

そしてまた、沈黙。今まさに皆既月食が発生しているであろう南東の空には、なおもびっしりと雲がかかっている。とりあえずピークの時間までは粘ってみようと思ったものの、あの、あれだ。とても気まずい。たまたま出会った人同士、月食を見て一緒に盛り上がれるわけでもなく、かと言って今さら一人で別の場所に移動して見るのもなんか失礼なんだろうか、いやでも特段話すこともないし……と仕方なく全員で黙って雲を眺めている。

もちろん別に雲を見たいわけでもないんだけど、なにせもう目の前の選択肢が雲の凝視しかない。もうほんと、穴が開くほど見ている。穴が開くほど見ているが、雲に穴が開いてくれることは決してない。かれこれ20分ほど経った。気まずい空気が肺を出入りしながら、僕の身体に気まずい酸素を運ぶ。

日本で見られる3年ぶりの皆既月食とのことだったが、関東はあいにくの曇り空だった。

月食という現象は地味だ。同じ「食」でも日食の方は、空の明るさが劇的に変化するのでド派手。特に皆既日食の瞬間は昼間なのに空が真っ暗になるので、たとえ雲で太陽が隠れていてもその壮大な天体ショーを体験できるだろう。しかも日食は地球上で見られる場所もごくわずかなので、観測のベストスポットには世界中から天文マニアが集まってお祭りムードになったりもする。

一方で月食の方は、大体地球上のどこにいても見られるし、皆既月食の瞬間でも空の明るさが劇的に変化するということもないので、気づいたらいつの間にか終わっていたなんてこともあるだろう。そして雲で隠れたら最後、世界各地であの気まずい空気を量産することになる。しかも、パッと見は普段の月の満ち欠けと似たような感じなのでいまいち見た目のインパクトも薄い。月食よ、なんて哀れなんだ。

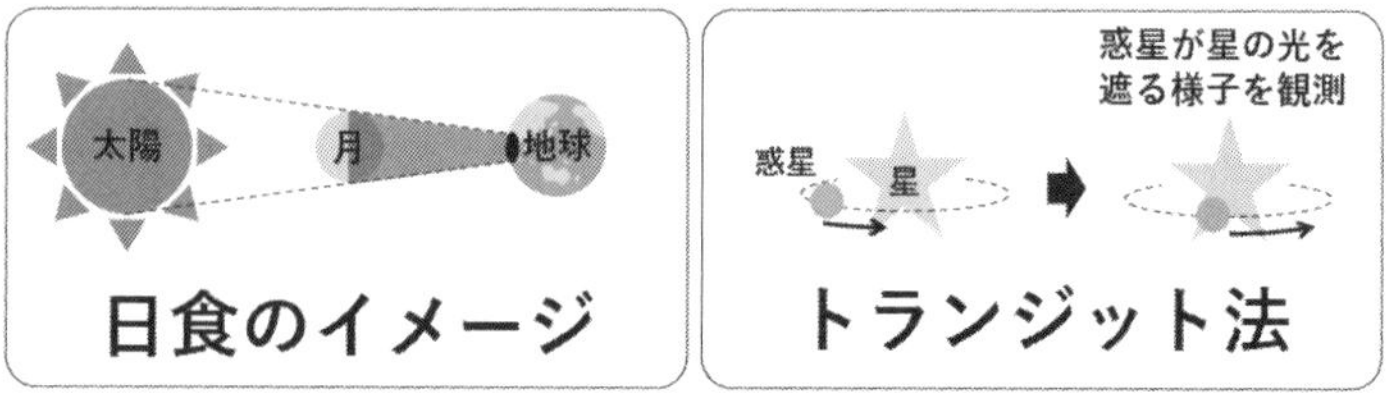

どちらも、近くの物体が遠くの光を遮るのを見ている

しかし、月食にも面白いところはある。実は、影の見え方に注目するとむしろ月食の方が珍しい天文現象だと言えるのだ。まずは比較のために日食の例（上の図）を見てみよう。

図のように日食という現象は、月が太陽の光を遮ることで起きる。こんな風に、地球から見て近くにある物体が遠くの明るい光源を遮るのは、実は天文の世界ではありふれた現象だ。例えば右の図に示した「トランジット法」は、明るい星のまわりを周っている惑星が、その星の光を遮る様子を見るという有名な天文観測手法だ。光を遮る面積は日食よりずっと小さいけれど、これも影の見え方で言えば日食と同じタイプだと言える。他にも例えば、国際宇宙ステーションが月の前を横切る時に宇宙ステーションの形の影が見えるのも、影の見え方で言えば日食と同じタイプと言えるだろう。

じゃあ一方で月食はどうか。次の図を見てみよう。

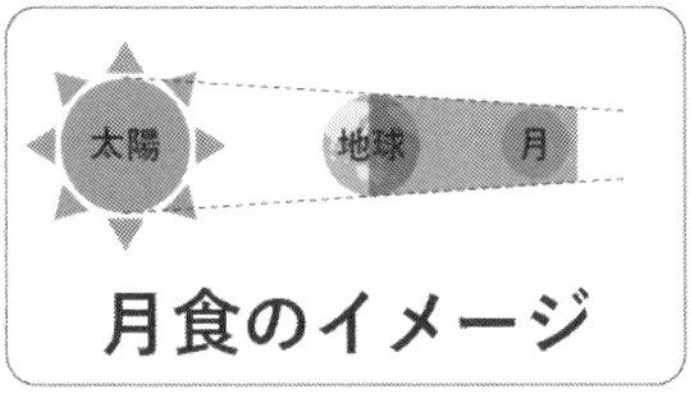

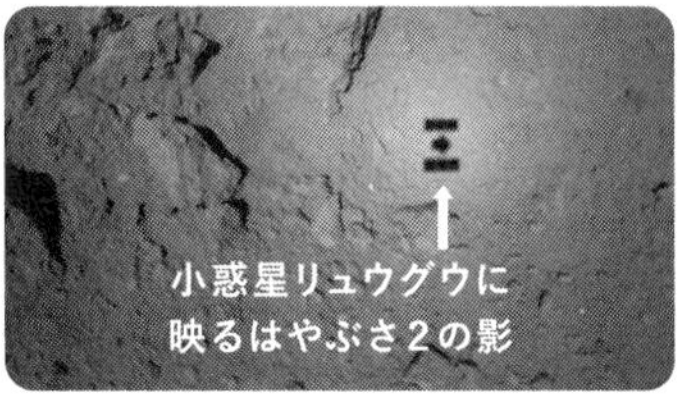

どちらも、観測者の影が天体に投影されるのを見ている（写真：©JAXA）

月食は、地球の影が月面に投影されることで起こる現象だ。ところが、こんな風に地球の影の形をそのまま投影するスクリーンになってくれるような天体は、月以外には存在しない。基本的に空に浮かぶ星はほぼ全てめちゃくちゃ遠くにあるので、地球の影の形がその遠くの星に投影されているのを観測するなんてことはできないのだ。このように、観測者自身の影の形が天体に投影されたのを見るタイプの影の見え方は、天体スケールで見ると実はあまり例がない。

数少ない例を挙げるなら、上の図に示したような、探査機の影が天体上に投影された写真だろう。この写真は小惑星リュウグウに映るはやぶさ2の影の形を、はやぶさ2自身のカメラで撮影したものだ。はやぶさ2の特徴的な形がくっきりと影に映されていてなんとも美しい。こういう写真は、小惑星の上空を低空飛行している時でないと撮れないので、非常に珍しい写真なのだ。

はやぶさ2の運用室で初めてこの写真を見た時、僕も感動したのを覚えている。基本的に探査機から届くデータというのは、内部機器の温度とかタンクの圧力とかの数字の羅列なので、本当にその探査機が遠くの星を探査しているという実感は薄くなりがちだ。それだけにこの写真の衝撃は大きかった。はやぶさ2は探査機として遠くの宇宙空間で本当に生きていて、今まさに小惑星の上を飛んでいるんだということを強烈に実感させられたのだった。

自分自身の影を見るということはつまり、自分自身の存在を再確認するということなのだろう。そういう意味では、月食に投影された地球の影を見ている時もまた、僕らが地球自身の存在を再確認する絶好のチャンスというわけだ。何かと地味な月食だけど、このように影の見え方という観点で捉えると、少しはありがたみが増すのではなかろうか。気まずい空気を量産するのも許してあげたい気持ちになってきた。

「雲越しですが、今見えますよ〜」と後輩から連絡があったのは、あの気まずい時間から30分ほど過ぎた、夜9時ごろだった。予報では、皆既月食のピークは過ぎて月が半分ほど地球の影から出てきている頃だった。研究室ですっかり意気消沈していたところだったが、重い腰を上げてもう一度部屋を出る。なにせこの時間まで粘ったんだから、雲越しでもなんでも見ておかないと気が済まない。屋上までの2階分の階段を一気に駆け上がり、重い扉にグッと体重をかける。重い扉が、スローモーションで開く。

屋上へ出ると、思いがけず月は美しかった。

うおっ、と思わず大きな声が漏れたことに自分で驚く。雲越しではあったけれど、それはやわらかに月食の輪郭を保っていて、うっすらと月食特有の赤みを帯びながら光っていた。色の中でも赤い光は最も散乱されず地球の裏へ回りこむので、月食の影は赤っぽく見える。階段を駆け上がって少しだけ乱れた呼吸を、ゆっくりと深呼吸に変えながら足場に腰掛ける。雲が流れている。そのゆるやかに流れる雲の濃淡に合わせて、月明かりもモニャモニャと形を変えている。屋上には他に誰もいなくて、なので、もう気まずくなくなった空気がすうっと澄まし顔で肺に流れ込んでくる。それが気持ち良くて、口を開けながらぼーっと空を見上げる。月はなおも雲に隠れ続けているのに、美しかった。

でも、なんだろう、これ。よく考えたら本当に美しいんだろうか。めちゃめちゃ雲に隠れてるし。しかも食の状態も中途半端だし。なんなら雲越しなので、「あれ普通の半月だよ」って言われたらそうにしか見えんし。なんとなく赤い気もするけど、よく見たらそうでもない気するし。なんでこんなに一生懸命見てるんだろう。こんなんなら、普段の晴れてる時の月の方がよっぽどきれいなんじゃないか。月食には自分たちの存在を再確認できるという意味はあるけれど、それ以上に感じているこの美しさの正体は何なんだろう。

その日から夏は静かに着実に深まっていった。今年の夏も、静かだ。冷房の効いた自宅には、ベタベタと湿気を帯びた空気は届かない。「次の夏には帰省とかできるんじゃない」なんて話していた去年の今頃の能天気さを白い目で俯瞰しながら引きこもっているうちに、体温と気温が噛み合わない日ばかりがサラサラと過ぎていった。月食からは、あっという間に3ヶ月以上が過ぎた。

週に一度、ボクシングジムに通っている。冷房の中で座ってばかりの月火水木で鈍った身体に刺激を入れるため、木曜や金曜の夜に通うのがいつものパターンになっている。夏の長い陽が落ちて、ちょうど月が見え始める時間帯。最近は短縮営業中だからか、行っても大体貸し切り状態の時間帯。

運動着を着て、タオル、バンデージ、ヘアバンド、マスクを持って家を出る。今日は月は出ていないらしい。家の前の自販機で、110円で600ミリリットルの麦茶を買う。しぶとく飲める、スッキリした味。ジムに入る時は、道場などと同じくまず第一声は大きな挨拶から。その後、トレーナーである会長のおっちゃんにも挨拶。どうやら今日も貸し切りで、会長のおっちゃんと二人きりのようだ。ロッカーのカギを借りて、出席簿に名前とロッカー番号を記入する。なにやらスマホで電話をしていたおっちゃんはちょうど電話を終え、僕の方に向き直ると、険しい顔で言った。

「おい、そういえばお前、まさかワクチンなんか打たねえだろうなあ」

ジムでは、知らない洋楽を知らない外国人がカバーしたアップテンポな音楽が、10曲ぐらいのリピートで延々と流れている。やけに耳に残るのに、聞いたそばから抜け落ちていくような、ただこの貸し切り状態の広い空間を埋めるためだけに存在するような音楽、その声、その言葉たち、の合間を縫って、会長のおっちゃんがワクチンの危険性を説き始める、その声、その言葉たちが僕の頭で反響し始める。

ロッカーに荷物を置いて、ストレッチを終えたら、バンデージを拳に巻いてシャドーボクシングを2ラウンド。鏡の前に立ち、リラックスして構える。鏡に映る自分の目の高さへジャブ、あごの高さへストレート。と同時に、鏡に映る自分の分身は影のようにパンチを打ってくるのでしっかりとあごを引いてガード。フォームの確認。自分自身の影を見るということはつまり、自分自身の存在を再確認するということだ。

3分間、ウォーミングアップも兼ねてしっかり足を動かしてステップする、その一歩一歩、に合わせて出すパンチの一発一発、に合わせて会長のおっちゃんの言葉の一つ一つが反響する。スパイクたんぱく質、人体実験、だからよお、メッセンジャーRNA、書き換えてよお、毒、あのプロ野球選手もよお、死因、マスコミなんか、報道しねえからよお、国は補償なんか、反響、作ったやつが言ってんだからよお、正しいに決まって、百害、科学、一利なし、治験、こわいウイルスだなんて、反響、反響、俺は思ってねえから、ねえからよお。

そうかもしれない。ないのかもしれない、本当のことなんて。真実なんて。本当は、信じたいことが各々勝手にあるだけなのかもしれない。だからそう、あの日の月食だってそう。本当は美しくなかったのかもしれない。ないのかもしれない、美しいものなんて。本当は、美しいと思いたいものが各々勝手にあるだけなのかもしれない。美しくなければ困るから。気まずい時間を乗り越えてようやく見られた月食が、美しくあってくれないと割に合わないから。真実でなければ困るから、いつ始まっていつ終わるかもわからないこんな静かすぎる夏には、少しでもこの不安や憤りを和らげる事実が真実であってくれないと割に合わないから。

ボクシングというスポーツは、相手を打ちのめすためにひたすらパンチを打つものだと思われがちだけれど、実は攻撃よりも防御の方がずっとずっと難しくて重要だ。相手から距離を取るために打つジャブ、相手の突進を牽制するためのストレート、パンチを打つ時は必ずあごを引き、反対の手は高く保ってあごをガード、パンチする方も肩であごをしっかり守る。守るために打つ。

実践練習では、それを生身の人間と対峙しながら練習する。リングに上がって、会長のおっちゃんとのマススパーリング。練習したステップをうまく取り入れながら、ジャブで距離を保つ。相手が右手を出せば左手で、左手を出せば右手で、鏡のようにパンチを受け流す。フットワークとジャブで様子を見ながら、隙を見て攻撃のストレートを打つ、と同時におっちゃんもカウンターのストレートを打ち返してくる。ジャブを打てば、ジャブを打ち返してくる。

鏡のようだ。影のようだ。影を見るということはつまり、自分自身の存在を再確認するということだ。自分自身の姿をそこに見るということだ。相手にとっては自分も影だ。僕もきっと、おっちゃんと同じだ。命を守るためにワクチンを打つ僕も、命を守るためにワクチンを打たないおっちゃんも、影なのだ、お互いに。だから、ボクシングは決してケンカではない。ケンカではありたくないと思う。

残り1分を切ると、打ち合いは激しくなる。ジャブ、ストレートのワンツー、ひとつフェイントを入れてボディストレート、左にターンしてロングフック。けれど身体のひと回り大きいおっちゃんには僕の打ったパンチはひとつも届かず、こちらのガードが下がった隙を逃さずおっちゃんの打った右ストレートが僕の左目に入る。ドーンと衝撃が来て、一瞬クラッとする。スパイクたんぱく質、人体実験、マスコミなんか、メッセンジャーRNA、反響する。でも、足を止めない。向き合うことをやめない。守るために打つ。

でも、守るだけではなくて、本当は、できることなら、届けたい。打ち返したい。一つでも。相手にとって受け入れがたくても。だって、守りたいものがあるから。自分のことも、家族のことも、友達のことも、そしてできれば会長のおっちゃんのことも。それはきっとお互いにそうなんだけど、決して力で押し通すことなんてできないけれど、決してケンカではないけれど、せめてラウンド終了のブザーが鳴るまでは届ける努力をしたい。手を伸ばしたい。喰らわせた瞬間は頭をクラクラさせるかもしれないけれど、感じている不安や憤りが同じなら、きっと伝わることだってある。

だから、打つ。守るために打つ。そう、守るために、打ちたい。生きるために、打ちたい。僕は、打ちたい。自分のために、大切な人のために、打つ選択をしたい。打つ。スパイクたんぱく質、打つ、メッセンジャーRNA、打つ、人体実験、それでも、打つ、打つ、打つ。

やがて、ラウンド終了のブザーが鳴った。その日、僕のパンチがおっちゃんに届くことは、結局一度もなかった。

１１０円で６００ミリリットルの麦茶は、トレーニング終わりにちょうど最後の一口を飲み終える。おまけの１００ミリリットル分が入ってぴったりの、計算された量だ。仕上げの軽い筋トレを終えた後、クールダウンのストレッチをする。知らない洋楽を知らない外国人がカバーしたアップテンポな音楽が、会長のおっちゃんと僕しかいないこの広い空間を、相変わらず満たしている。その音楽にかき消されて紛れているけれど、少しだけ、ほんの少しだけ気まずい空気が、トレーニング後の僕の肺を出入りしている。

「おい、そういえばよお」

会長のおっちゃんが口を開く。

「アポロってほんとに月に行ったのかよ」

「え。ああ～……」

少し拍子抜けな声が出る。僕はストレッチを続けながら、会長の方へ顔を向ける。

「まあたぶん行ったんだと思いますよ」

「はっはっは、たぶんって何だよ。お前、専門家なんじゃねえのかよ」

「いやまあなんか知らないですけど、一部は捏造とか言われてる映像もあるらしいじゃないですか」

「まああんな昔に月に行けたっつーのに、あれっきり全然行ってねえんじゃゃ、ほんとに行ったのかよって思うよなあ」

「ははは、まあそうですね〜」

そうかもしれない。そうなのかもしれない。本当のことなんて、ないのかもしれない。

ただ、信じたいことが各々勝手にあるだけなのかもしれない。

「まあでも僕は、本当に行ったって信じたいですね〜」

今日は月は出ていないらしい。けれど、帰り道には少し空を見上げてみる。本当のことなんてないかもしれないから。本当は誰かの嘘かもしれなくて、見えていないだけかもしれなくて、ひょっとしたら、穴が開くほど見れば雲に穴も開いてしまうかもしれなくて、雲の隙間からひょっこり月が見つかってしまうかもしれない。

きっと、その月は美しいんだろう。僕はその月を、美しいと思いたいんだろう。

宇宙の旅行、十字の祈り

ジャルジャルの表情がこわばっている。僕の表情もこわばっている。夕方だった。

2021年12月8日、日本時間16時。実業家の前澤友作さんと平野陽三さんを乗せたソユーズロケット打ち上げの生中継番組を、僕はワンルームで一人見ていた（＊1）。

オープニングで、ジャルジャルのお二人が緊張した様子でコメントをしている。どうやらジャルジャルは、宇宙空間でコントをするのが夢らしい。空気がないところで空気を読んだり読まなかったりするわけですね、とすかさず司会の福澤朗さんがうまいこと言ってスタジオの空気がふわりとゆるむ。それで、ジャルジャルの表情も少しゆるむ。けれど、僕の表情はこわばったままだった。生放送の画面に表示されたカウントダウンタイマーが、打ち上げまで36分を切ったことを知らせていた。

２０２１年は、「宇宙旅行元年」なんて言われた記念すべき年だった。７月には、ヴァージン・ギャラクティック社とブルーオリジン社が相次いで初の有人宇宙旅行を決行。９月には、スペースX社が初めて民間人だけを乗せた宇宙船を軌道投入し、他社よりもはるかに本格的な宇宙旅行を実現。10月には、ソユーズロケットで打ち上げられたロシア人の女優と映画監督が国際宇宙ステーションで映画撮影。そして、締めくくりの12月が前澤さん・平野さんの宇宙ステーション滞在旅行。本職の宇宙飛行士よりも民間人宇宙旅行者の方が多く打ち上げられるという前代未聞の年となった。

２０００年代にもロシアのソユーズロケットを借りて宇宙ステーションを訪問する旅行は何度か行われてきたけれど、民間企業までもが宇宙旅行に本格参入したのはまさに新たな時代の幕開けと言っていいだろう。まだまだ気軽に行ける値段じゃないけれど、多くの人が宇宙旅行に行く時代は着実に近づいている。一連のニュースを見て、ワクワクした人も多いんじゃないだろうか。

けれども、相変わらず僕の表情はこわばっていた。生放送では、すっかり表情のゆるんだジャルジャルがクイズ形式で宇宙旅行の素朴な疑問を解説している。後藤さんの出題に、福徳さんがほっこりボケで返し、スタジオの空気がさらにゆるんでいく。生放送の尺の関係だろうか、素朴な疑問クイズは2問だけであっさり終わり、早々と次のコーナーに移ってしまった。打ち上げまでは、12分を切ろうとしていた。

誰もが抱く素朴な疑問といえば、やっぱり「宇宙旅行っていくらかかんの？」じゃないだろうか。僕もしょっちゅう聞かれるし。実は、現状の宇宙旅行は大きく2種類の価格帯の旅行に分かれている。一つが、宇宙船を真上に打ち上げて高度100キロぐらいまで上昇してからすぐに落ちてくる「サブオービタル」という方式の旅行で、価格は数千万円ぐらい。もう一つが、宇宙船を上に打ち上げながらも横方向にぐんぐん加速して、高度数百キロぐらいの人工衛星の軌道に乗る「オービタル」という方式の旅行で、こちらは桁が2つ上がって数十億円ぐらい。

ひとくちに「宇宙旅行」と言っても、サブオービタルとオービタルでは価格・滞在時間・ロケットの規模はまさにケタ違いだ。先ほど挙げたもので言えば、ヴァージン・ギャ

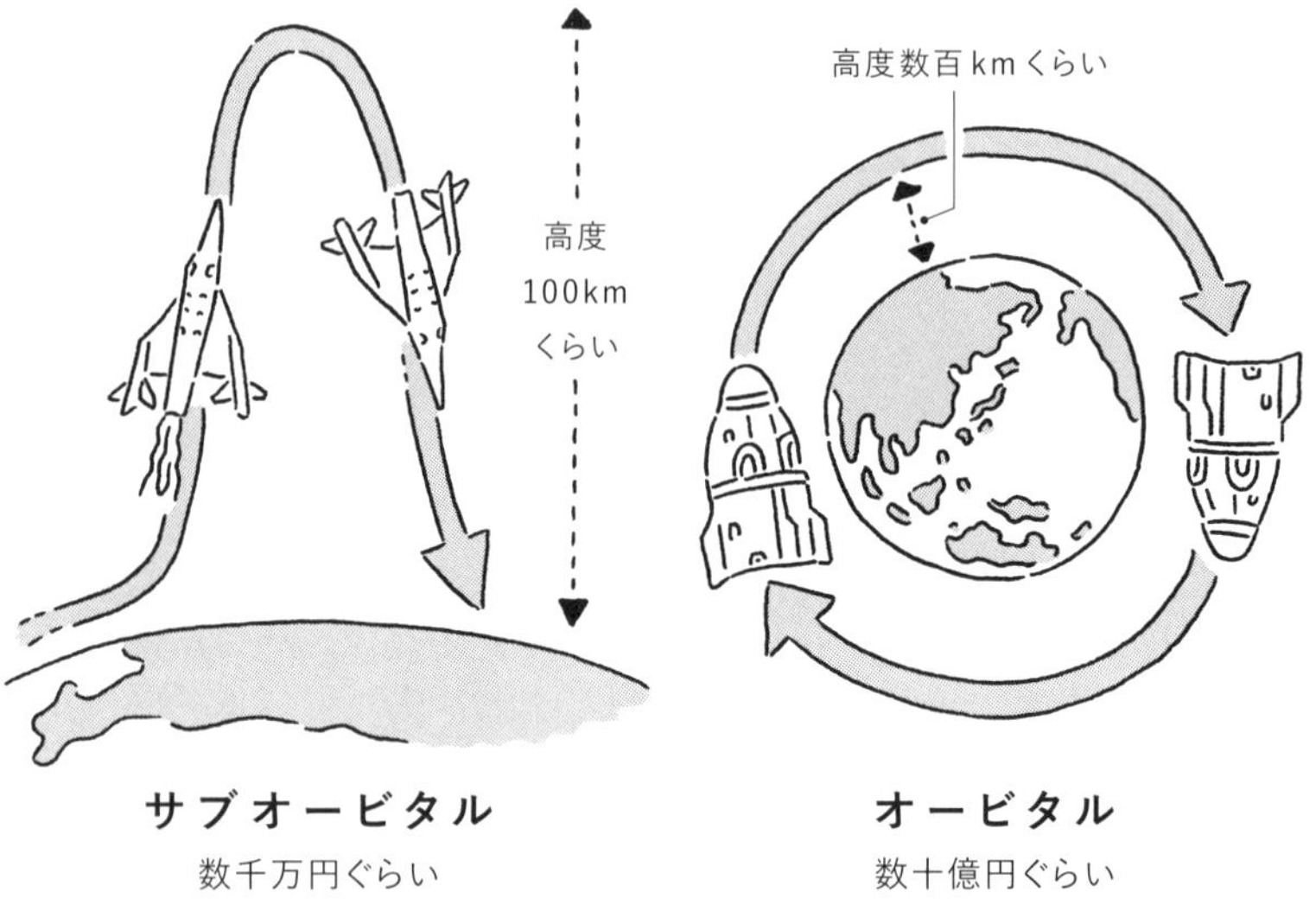

ラクティック社とブルーオリジン社の旅行は1時間程度で地上に戻ってくるサブオービタル方式で、スペースX社とソユーズの旅行は人工衛星の軌道に数日間滞在するオービタル方式になる。機体のサイズも、サブオービタルの方は小さなロケットを付けた飛行機や単段のロケットで打ち上げられるけれど、オービタルの方は多段式の巨大なロケットで打ち上げなきゃいけない。前澤さんの宇宙旅行は、宇宙ステーションに10日間ほど滞在するオービタル方式なので、宇宙旅行の中でもものすごく大がかりな部類に入るわけだ。

前澤さんたちの打ち上げ地点であるバイコヌール宇宙基地と、中継が繋がる。現地の気温は氷点下の凍える寒さだそうで、しかし、そんな寒さを感じさせない笑顔でレポーターさんが現場の興奮を伝えている。打ち上げまで、10分を切っている。

打ち上げ前日の前澤さんへのインタビュー映像が流れ、その中でしきりに語られていたのは、「挑戦」という言葉だった。

「まあ、常に挑戦してたい人間なんだよね、俺」
「挑戦をすることは苦じゃないし」
「挑戦してないと逆になんか生きてる感じがしないっていうかね」
「挑戦しない人生っていうのは自分の中であり得ないっていう」

日本の民間人として初の国際宇宙ステーション滞在を目指すこの挑戦者の姿を、きっと多くの日本人が見守ってるんだろう。平日の夕方だから、学校が終わった子供たちなんかも見てるんだろう。その目の色は、きっと期待で染まってるんだろう。しかし、というか、だからこそ、僕の表情はこわばっている。

思い出すことがあるからだ。

その日も、寒い日だったらしい。アメリカ・フロリダ州のケネディ宇宙センターの気温は氷点下の凍える寒さで、しかし、そんな寒さを感じさせない笑顔でたくさんの人が打ち上げを見守っていた。打ち上げを待つロケットには、民間人のクリスタ・マコーリフさんも乗っていた。彼女は、「学校教師を宇宙に送り、宇宙授業を行う」というプログラムで1万人以上の中から選ばれた、ごく普通の高校教師だった。

民間人の教師として初めて宇宙を訪れるこの挑戦者の姿を、多くのアメリカ人が見守っていた。教育関係者たちの注目もいつにも増して高く、お昼の授業の時間帯ではあったけれどたくさんの子供たちが打ち上げ生中継を見ていた。その目の色は、期待で染まっていた。

打ち上げから73秒後、その大観衆の目の前でロケットが大破した。

火炎がロケットを包みこんだ次の瞬間に機体はバラバラに破壊され、その破片が無数の飛行機雲を描きながら飛び散った。爆発の瞬間、現場の観覧席からは拍手と歓声が沸き起こったという。突然のことで何が起こったか分からず、その爆発を第一段ロケット切り離しの演出だと勘違いしたのだ。当時、人を乗せた宇宙船の打ち上げは連続して成功しており、まさか打ち上げが失敗するだなんて思っていなかった。より一層何が起きたか分かっていない子供たちは、周りの大人をキョロキョロ見回しながら拍手を続けていた。

しばらくしてから観衆が異変に気づき始めると、歓声は徐々にどよめきとなり、やがて沈黙へと変わっていった。四散した機体の破片は、彼らの目の前でゆっくりと地上に落ちていった。乗組員たちの家族は呆然とその破片の軌跡を目で追っていた。１９８６年１月28日、マコーリフさんを含む乗組員７人全員が死亡したスペースシャトル・チャレンジャー号の爆発事故だ。「チャレンジャー」、つまり「挑戦者」という名前の宇宙船だった。

前澤さんの打ち上げカウントダウンが、残り１分を切ろうとしている。宇宙飛行士の山崎直子さんが、打ち上げ後のロケット切り離しの手順を淡々と説明している。ジャルジャルの表情には、少し緊張がにじみ始めている。ＹｏｕＴｕｂｅ生配信のコメント欄では、いってらっしゃい！　お気をつけて！　との声がびゅんびゅん流れている。

残り30秒、ロケットに繋がるアンビリカルタワーが分離、スタジオから歓声が上がる。ジャルジャルの表情にも、笑みがこぼれる。僕の表情はこわばっている。残り10秒、白煙が上がり、エンジンに火が灯る。うおーっ、すごーい、と出演者たちから声が漏れる。もちろん、僕の表情はこわばっている。カウントダウンは、止まらない。

チャレンジャー号爆発の直接の原因は、氷点下の寒さによってロケットエンジンを密封するゴムが弾力を失い、そのせいで高温の火炎が漏れ出したことだった。それは予想外のことじゃなかった。一部の技術者たちは、寒い日に事故の危険性が高くなることをあらかじめ指摘し、打ち上げを中止するように求めていた。けれども、上層部はそれに反対した。打ち上げを延期するとコストが増えてしまうからだ。人命の安全よりも、経営判断が優先された。設計自体の技術的な問題点と同時に、政治的・経済的な問題点が明るみに出たのが、チャレンジャー号の事故だった。

2021年、宇宙旅行元年と呼ばれるこの年を境に、人を宇宙に打ち上げる機会はどんどんと増えていくと思う。もちろん、宇宙を目指すたくさんの挑戦者たちが夢を叶えていくのは、とっても喜ばしいことだ。僕だってお金があれば、宇宙旅行に行ってみたいと思う。思うけれど、思うからこそ、僕らは今このタイミングでもう一度、真剣に歴史を振り返る必要がある。倫理を、見つめ直す必要がある。

民間企業が宇宙旅行に参入するということは、そこに本格的な市場が持ち込まれるということだ。人命の安全よりも経営判断が優先される事態に、簡単に陥る可能性があるということだ。動き出したカウントダウンは、止まらない。「人間にはフロンティア精神が備わっているのさ！」「冒険本能に従うのは当然なのさ！」だなんて無邪気な理由で正当化して、本当にいいんだろうか。インフォームドコンセントなんて言うと聞こえはいいけれど、十分な訓練を受けていない乗客が、宇宙旅行の危険性や健康被害を本当にちゃんと理解できるだろうか。それでも、宇宙に行くことって本当にいいことなんだろうか。

3秒前、2秒前、1秒前、そして、前澤さんを乗せたソユーズロケットがゆっくりと上昇を始める。わーっ、すごーい、とスタジオから歓声が上がる。これ今だもんね、ニュース映像じゃなくて今ですもんね、と福澤朗さんが興奮ぎみに実況する。そう、今だ。今なのだ。時代の転換期である今、僕らの世界で起こっていることだ。今の時代に生きる僕たちが、きちんと向き合わないといけない現実だ。

人を宇宙に打ち上げることは、決して安全じゃない。もちろん、長い宇宙開発の歴史の中でたくさんの改良を経て安全性は高まってきているのだけれど、それでも背中に爆弾を括りつけて飛ぶような仕組みであることは根本的に変わっていない。NASAのスペースシャトル計画は、全135回の飛行の中で2回の死亡事故を起こした。ヴァージン・ギャラクティック社の2014年のテストフライト中の事故では、パイロット1人が死亡した。比較的安全性が高いと言われているソユーズロケットも、2018年に第一段ロケット分離時の事故で宇宙飛行士たちの命が危険に晒された。

事故は100回か200回に1回ぐらいの割合で起こっていて、そして、その1回は今日なのかもしれない。もちろん今日であってほしくはないけれど、それでも、今日であっても全然おかしくはない。それが、人を宇宙に打ち上げるということだ。

だから、僕の表情はこわばっていた。

前澤さんを乗せたソユーズロケットが尻上がりに速度を上げていく。画面には、第一段ロケット切り離しまでのカウントダウンが表示されている。機内の前澤さんは、笑顔を見せている。僕は表情をこわばらせながら、祈っている。今日であっても全然おかしくはないけれど、どうか、今日だけは、何事もなく安全に飛んでほしい。この笑顔が、その挑戦が、どうか奪われないでほしい。けれども、カウントダウンは止まらない。

画面がロケットの外の映像に切り替わる。眼下には、厚い雲で覆われた地表が見えている。うおーっ、すごーい、地球だ、とスタジオから歓声が上がる。うわーっなんじゃこれ、とジャルジャルが目の前の光景に驚いている。僕は、祈っている。3秒前、2秒前、1秒前、そして、4本の第一段ロケットが分離する。くるくると回転しながら、上下左右にきれいに分かれて地球へ落下していく。新体操のバトンみたいにスーッてきれいに回りましたね、と福澤朗さんが相変わらず興奮ぎみに実況する。これは、第一段とロケットがぶつからないようにあえて工夫をして切り離しているんですけれども、とすかさず山崎直子さんが技術解説を挟む。あっそういうことか、ほえー、すごい技術や、そして、山崎さんはなおも続ける。

「このようにきれいに分離する様子を、コロリョフの十字とも言います」

十字架刑がローマ帝国で最も残酷な刑罰だったんなら、きっと、十字架は死の象徴として当時の人々から恐れられていたんだろう。なのに、どうしてそれは救いの象徴になったんだろう。どうして僕は、その十字に祈りを捧げているんだろう。分からない。分からないけれど、やっぱり良いものか悪いものかなんて、はっきりとは決まらない。すぐに結論は出ないけれど、だからこそ、じっくりと考えなきゃいけない。宇宙旅行の市場は、これからどんどんと拡大していくんだろう。良いものか悪いものかなんて分からないけれど、だからこそ、じっくりと考えなきゃいけない。

僕は、相変わらず表情をこわばらせながら祈っている。もう少し。もう少し。中継映像に映る地球は、すっかり遠くなっていた。最終段ロケットの切り離しまで、1分を切ろうとしていた。カウントダウンは、今もなお動き続けている。

*1 【前澤宇宙旅行】ロケット打ち上げの瞬間を生中継でお届けします!!
https://www.youtube.com/watch?v=QZVF60J5_7M

糸川英夫と、とある冬の日

国道の脇の並木道を抜けると快晴だった。吐いた息が白くなった。守衛所に朝が来ていた。

僕は、ワンルームを飛び出して久しぶりに研究所に来ていた。守衛のおじさんに在勤証を見せ、寝ぼけた自転車で正門をくぐる。守衛のおじさんはシャンと背筋を正しながらも、肩肘を程良く脱力した敬礼で挨拶してくれる。それに、僕も脱力ぎみの会釈をとろりと返す。冬の日、2月の朝。JAXA宇宙科学研究所、通称「宇宙研」と呼ばれる研究所に、僕は今通っている。

JAXAは、実は2003年までは全く異なる3つの研究機関だった。飛行機の研究をする航空技術研究所（NAL）、宇宙の実用的な利用に主眼を置く宇宙開発事業団（NASDA）、そして宇宙の科学を探究する宇宙科学研究所（ISAS、宇宙研）の三つ。2003年に統合されてJAXAという一つの組織になった後も、なんだかんだそれぞれの気風は色濃く残っていて、JAXAの事業所ごとに研究の方針も雰囲気も実は結構違っている。特に、他の2機関と違って「宇宙研」の名は今でも部門名として正式に残っていて、拠点である相模原キャンパスには宇宙科学・宇宙探査の最先端を切り拓いてきた開拓者精神みたいなものが未だに根付いている。元々は東京大学の研究グループが母体だったという背景から今でも学生を受け入れていて、そのせいなのかどことなくアットホームな空気が強いのも宇宙研の特徴だ。

守衛所から真っすぐ前を向くと、突き当たりには大きな桜の木が一本立っていて、その日も静かに春を待っていた。毎年満開の季節になると、記念写真を撮る研究グループをどこからともなく呼び寄せる、大きな桜の木。「科学」とか「宇宙開発」とか言うと、なんとなく冷徹なマッドサイエンティストのイメージとか無機質な宇宙船のイメージとかと結びつくことも多い気がするけれど、やっぱりそこには「人」がいるのだということを、この桜の木はいつもふんわりと思い出させてくれる。当たり前だけど研究者にも季節感があって、個人的な感情がある。宇宙開発は人の気持ちで動いている。宇宙研のアットホームな空気、そしてその背後にある人間味を支える柱として立っているようで、だから、僕はこの桜の木が好きだ。

自転車で桜の木の方に向かっていくと、その右手には実寸大の大きなロケットの模型が二つ見えてくる。１９８５年の国際ハレー彗星探査でも活躍したＭ－３ＳⅡロケットと、初代はやぶさをはじめとして多くの挑戦的ミッションを支えてきたＭ－Ｖロケット。東から西に向かってカメラを構えれば、ちょうどそのロケットが桜の木の枝の懐にすっぽりと収まる形で配置されている。遠くから見ると巨大な白いクレヨンみたいなシルエットをしていて、その風貌がなんともかわいらしい。

春を待つ桜の木はまだ蕾を一つも付けていない。まばらな枝の隙間から後ろの景色が透けて見えた。重ねればそれはカメラアプリの過剰なフィルターのように、背景に写るものに枝木の黒い脈を投影した。自転車で動きながら見ると、そのフィルターの底には朝景色が流れていて、つまり写るものと写すものとが、映画の二重写しのように動くのだった。

宇宙研のロケットは、人の気持ちと根性で飛ばしてきたような歴史がある。なんせ、アメリカやソ連が既に数十トンサイズのデカいロケットを打ち上げていた1950年代に、ようやく200グラムのおもちゃみたいなロケットで研究開発を始めようとしていたのだ。ちょうどGHQによる航空機研究の禁止令が解かれた頃だった。そんな中で、「ロケットを使って太平洋を20分で横断だ！」なんて構想を堂々と掲げていたわけだから、恐らく理屈よりも根性で前に進んでいた感じだったんじゃないかと思う。

当時研究グループを率いていた糸川英夫先生は、「1958年までに、高度100㎞辺りまで到達できるロケットを日本が打ち上げることができますか？」と文部省の役人に聞かれた時も、「飛ばしましょう」と一切ためらわなかったらしい（＊1）。おもちゃみたいなロケットを飛ばしていた頃に、この威勢である。敗戦後の赤字まみれの経済も、敗戦国に向けられた憐れみの目も全部ひっくり返してやろうという意志と根性でロケットを飛ばし続けたんじゃないだろうか。「ペンシルロケット」と呼ばれた糸川先生のこのおもちゃみたいなロケットが、宇宙研のロケットの歴史の全ての始まりだった。開拓者精神というとちょっぴり大げさに聞こえるけれど、この頃の技術者たちの根性は今の宇宙研の気風にしっかりと引き継がれていると思う。

桜の木を横目に見ながら自転車を漕ぐ。駐輪場へ向かう道のレンガの舗装は数年前からところどころゆるゆるになっていて、踏むとポコポコと音を立てながらレンガが揺れる。自転車でその上を走ると、ポコポコポコポコポコポコ、そして、見上げた快晴の空にはポツンと黒い機影が見えた。おっ、と声が出そうになって、しかし、渇いた声帯は思うように振動せず、口先だけが無意味にとんがった。軍用輸送機だった。

宇宙研のある相模原市は横田基地と厚木基地のちょうど真ん中あたりに位置していて、軍用機がたまに空を飛んでいる。旅客機よりもガタイのいい機体は不愛想な色で塗られていて、しかし、はるか上空をゆったりと動くそれは、いつもなんだか遠い出来事のように通り過ぎていく。そういう時、僕は大体ぼーっとしている。まあそんなもんか、と思う。目の前で動いているのに、確実に見えているのに、それがとりあえず今の自分の生活には直接関係ないことに安心している。

冬の日、2月の朝。軍用機はゆったりと動いているように見えても着実に目的地へ向かって飛んでいて、だから、あっという間に遠くの空に見えなくなった。

糸川先生は、元々は飛行機の設計者だった。中学生の頃にリンドバーグによる大西洋横断に感化されて航空学科に進み、中島飛行機に入社してプロの設計者になった。１９３５年だった。ヒトラーがベルサイユ条約を破棄した年だった。そうしてすぐに戦争に巻き込まれて、軍の命令で戦闘機を作らなければいけなくなった。糸川先生らは陸軍の隼《はやぶさ》という戦闘機を設計した。名機だった。けれども戦争に負けて、航空機の研究はアメリカに全面禁止された。夢を追いかけて、時代に振り回されて、それでもめげず、再び情熱を傾け始めたのがあのおもちゃみたいなペンシルロケットだった。

空を飛ぶ技術、つまり航空と宇宙の技術は、そのまんま軍事の技術でもある。飛行機は銃を付ければ戦闘機になるし、ロケットだって人工衛星の代わりに爆弾を載せるだけでそのまんまミサイルになってしまう。ミサイルもロケットも、根本的な技術は全く同じものだ。冷戦時のアメリカ・ソ連の宇宙開発競争も、建前上は夢や希望を与えるためとか言っていても、結局は軍事的に相手より勝るためのものだった。そう考えると宇宙研の、ひいては日本のロケット開発の歴史は特殊だった。弾道ミサイルをロケットに転用するという始まり方ではなく、あくまで糸川先生が掲げる平和利用的なロケットの構想から発展していったものだった。

駐輪場に自転車を止め、レンガ舗装の道を歩いて引き返す。相変わらずゆるゆるのレンガは、一歩一歩足を踏み出す度に、ポコ、ポコ、ポコ、ポコ、ポコ、ポコ、そして、食堂の前で鳥が死んでいた。生垣の脇で仰向けになって白いお腹を見せながら、手足をお行儀良く縮めて硬直していた。何という鳥かは分からなかった。血は出ていなかった。上からのぞくと顎を上げたような格好に見えるその顔は、力なく目を閉じていて、だからだろうか、どこか恍惚としたような印象だった。快晴の朝に落とされた、非現実的な世界の幻影のようだった。硬直した体が朝の空気に包まれてやわらかになり、しかし、人形じみた無抵抗さ、命の通っていない自由さで、生も死も休止したような姿だった。だから、ずっと見ていたかったのだけれど、死体を観察しているところを周りに見られるのはなんだかいけないことのような気がしてきて、それで、目を逸らした。

「僕は飛んでいった飛行機は全機、無事に帰ってきてもらいたいって、ずっと願っていたよ。でも自分の飛行機は特攻に使われたり、人殺しさせたと言って非難されたりした。鉄板（防弾板）一枚を隼の座席の背中に入れたら助かったパイ

ロットもいっぱいいたはずだよ。でも『1グラムも重くするな』と言われて、それはできなかったんだ。飛行機は僕の子供だよ。子供に人殺しさせたい親がどこにいるんだ」

糸川先生は10年ほどロケット開発の最前線に立ってから東京大学を辞め、その後は妻と子供を置いてアンさんという女性の家に居ついて暮らしていたらしい。堂々とはしていたようだけど、浮気や不倫と言ってもいいのかもしれない。

「僕はアンさんと何回も別れようと思ったんだよ。でもね、もうこれっきりにしようと言って、橋の真ん中から両方に歩き出して、渡り終わったらまた振り向いて一緒になっちゃうんだよね」(＊2)

そう、人には個人的な感情がある。研究者にも季節感があるように、日本の宇宙開発の父にも個人的な感情がある。きっとそう、不愛想な色の軍用機を操縦していたパイロットにも、感情がある。きっとそうだ。

「あのね、久保さん」

ある先生との会話を思い出す。

「個人としては、今の世界の状況は、本当に涙が出ます」

「でもね、」

「僕らは、科学を淡々と伝えるしかないんです」

その先生はいつもほんわかした笑顔で気さくに話す人で、お酒を飲んだらちょっぴり陽気になりすぎてしまう人で、その先生が、少しも茶化した態度を取らずに僕に語りかけていた。真っすぐな言葉だった。優しい言葉だった。

「個人の感情はそうだけど、でも、組織としてはそういう立場は表明できないんです」

「僕らの立場としては、静観しかないんです」

優しい言葉だった。だからこそ、悲しくてたまらなかった。個人の感情はそうで、でも宇宙の技術はそのまんま軍事の技術で、宇宙開発は複雑な国際関係の中で成り立っていて、優しくないから争うのではなくて、みんな優しくて、優しいのに、それでも争いを止めることはできないのだった。

「僕ら科学者は、ニュートラルな立場で科学を語れる稀有の存在なんです」
「久保さん、そうなんだよ」
「糸川英夫だって、そうだったんだよ」

研究者には、決して感情がないわけではない。みんな個人的な感情があって、悲しい。正確に宇宙機を飛ばすための技術は、正確に人を殺すための技術にもなってしまう。誰かが大切にしているものを、正確に壊すための技術にもなってしまう。

でも、だから、僕たちは淡々と科学をやる、しかないのだろう、きっと。けれど、本当はどうすればいいかなんて全然わからない。こんなことしてていいんだろうか、と思う。我が子のように大切に研究を育てて、それで、その研究の成果が人を正確に殺すことに貢献したなら、僕は人殺しの親だろうか。ちがう。ちがうけど、どのくらいちがうんだろう。

定性的に？　ちがう。定量的に？　ちがう！　頭がぼーっとする。だけどぼーっとしてると、遠くの国の悲しみは遠い出来事のように通り過ぎていってしまう。動いているのに、見えているのに、それがとりあえず今の自分の生活には直接関係ないことに安心してしまう。だから、どうすればいいか僕には全然わからない。わからないまま時間が過ぎる。

あの日、先生との会話が終わったあとで、僕は誰もいない部屋で声を上げて泣いた。どうすればいいかわからなくて、自分の浅はかな考えが恥ずかしくて、みんな優しくて、優しいのに無力で、泣いたのだった。

鳥の死体は、週が明けるとなくなっていた。血も付いていなかった。跡形もなくきれいになくなっていて、そうして、まあそんなもんか、と思った。また死が通り過ぎた。桜の蕾は一つも付いていなかった。軍用機は飛んでいなかった。何にもなかった。雲一つなかった。快晴だった。頬がほてって目ばかり冷たい。瞼が濡れた。よろめくように後ずさって目を上げた途端、さあと音を立てて青空が僕の眼のなかへ流れ落ちるようだった。僕にできることは、何一つなかった。

＊1　日本の宇宙開発の歴史［宇宙研物語］「ある新聞記事」https://www.isas.jaxa.jp/j/japan_s_history/chapter01/01/04.shtml

＊2　清武英利『後列のひと　無名人の戦後史』（文藝春秋／75－76ページ）

選んでも選ばれてもない

ブロンズのキラキラしたストレートヘアみたいなズボンを穿いた人が立っていて、ああ僕はまたこの街に帰ってきてしまった、と思った。この街では、多様性が尊重されている。

太陽と多様が一文字違いなら毒と一文字違いだ孤独は

そこに、選ばれていない靴は存在していなかった。みんな、自分が選んだ、または、誰かに選んでもらったから、その靴を履いてそこに立っているのだった。

選んでも選ばれてもないこの星に生まれた僕が選ぶ内定

短歌を好きになったのは大学4年生の頃、ブログで文章を書き始めたのと同じ時期だった。スマホのメモに気に入った5文字・7文字を書き溜めては、それらに色んな言葉をポコポコ組み合わせるという作業を、ある時から気ままにやり始めたのだった。ああでもないこうでもないと当てはめていくうちに、パズルのようにぴったりと言葉がハマって情景が一気に広がる、それが短歌の気持ちいいところだった。

選ぶことと選ばないことのバランスがちょうどいいから、短歌は気持ちいい。31文字の音割りが先に決まっていて、だから、まず第一に「選べない」という制約があった上で言葉を選ぶので、程良く選ぶ気持ち良さが保たれる。程良く選べて、それでいて表現の幅はすごく広くて、そういうところが短歌のいいところだ。なんでもかんでも語らずに、なんでも語れそうなところが好きだ。

反抗期は無口だった。というか、反抗する気力もないほどに毎日ただ疲れていた。高校生だった。家の物音が頭の中でグワングワン鳴って、でも、うるさいと怒る気力もなくて、怒る気力もないのに目の前が真っ白になるほどイライラすることがあった。家ではほとんど何も話さなかった。話せなかった。学校では別にそんなことなく普通に友達と騒いだりしてるんだけど、家に帰るとどうも声が思うように出なかった。別にそうしたいわけでもないのに身体は全然言うことを聞いてくれなくて、だから、内と外でのあまりのキャラの違いに自分でも驚くぐらいだった。どちらが本当の自分なんだっけとか、そんなことがずっとじっとり脳にへばりついていた。

Kくんはいつもクラスの中心で笑顔の絶えない宇宙人です

何も話せないから、何も言わなくても世界の方から全てを察してほしかった。だけど、だから、「あんたが何考えてんのか、全然分からない」と何度も母ちゃんに泣かれた。「本当にわたしのこと好きなの？」と何度も恋人に問い詰められた。そうして、余計に声が出なくなるのだった。だから短歌が好きだった。なんでもかんでも語らずに、なんでも語れるようになりたかった。

エッセイは、多様なことを語れるから好きだった。スマホのメモに日々の気づきを書き溜めては、それらを自分だけの論理で繋ぎ合わせることを、ある時から気ままにやり始めた。そうして、多様なことを語ろうとした。大学4年生だった。決まった制約がなくて、自分だけの論理を好き勝手に語れて、表現の型も自分で自由に設定できて、そういうところがエッセイの好きなところだった。

何も言わなくても世界の方から全てを察してもらうのには、やっぱり限界があった。大人になるということは、それがいよいよ許されなくなるということでもあった。だから、僕にはもっと多様なことを語る必要があった。そのために、エッセイが必要だった。反抗期から数年経っても、肝心なことはいつもうまく口に出せないままだった。話せないから、僕には書くことしかできないんだと思う。好きなことも嫌いなことも、書くばっかりでほとんど口に出せたことがない。

書くことしかできないんだけど、それなのに、書けば書くほど書けなくなるものがある。なぞなぞかよ。書けば書くほど書けなくなるものなーんだ。その答えが何なのか、ずっと分からないでいる。もっと力抜いて書いてもいいのに、と、でもそうすると何を書いていいのか分からなくなる。僕が力を抜いて書いたものになんか何の価値もないような気がして、力を抜けないでいる。そうやって、恐れるように書いて、書いて書いて書いて、書けば書くほど書きたいはずの何かからは遠ざかっている気がする。でも、何から遠ざかっているのかもよく分からない。

遠ざかる星にも実はドップラー効果があってね夜行バス去る

エッセイにおいて、選ぶことと選ばないことはほとんど同じなんじゃないかと思う。選べないという制約がなくて、多様であるくせに全てを書き尽くすことはできないから、選べば選ぶほど選ばれなかった言葉は無数に増えていく。その、選ばれなかった無数の言葉たちの中には、選ばれるべきだった言葉も含まれている。書きたかったはずの何かが必ずそこにある。なのに分からない。選ぶべきものがきちんと用意されているのにそれを選べないのは、自分の無能さのせいでしかない。言い訳のしようがない。だから、選べないでいる。書けないでいる。

お酒を飲めば何か書けるかもしれない、と徒歩1分のファミマに行くと、湿った空気、揚げ物の廃油の匂い、嫌い、嫌いな店員がいる。迷惑そうにレジを打って、袋要りますかーと迷惑そうに聞いてくる店員。そんな店員だって分かっているのに、もしかしたら何か僕の方が迷惑をかけてしまったのかもしれない、と思って、なるべく態度の良い客でいようとしてしまう自分が嫌い。口だけは愛想笑いをしようと引き攣《つ》らせていたけれど、マスクをしていたから結局何の意味もなかった。そういう全てが、嫌い。

夜景とか電気じゃんとか言いそうで海王星とあなたが嫌い

好きな店員もいる。その好きな店員は、絵を描く人で、その人の描いた作品がいくつかそのファミマに飾ってある。迫力満点に、しかし静かに佇むトラやライオンの絵。新作の絵が飾られた時は、その店員さんに声をかけるようにしている。いつも深夜のシフト。描くのは、やっぱり楽しいですね、と何かに照れるようにその人は言っていた。バーコードをピッと読み取るたびにいちいち商品を両手で丁寧にレジ台に置き直す、そういう店員さん。今日は、その好きな店員さんはいなくて、嫌いな店員だけがいる。たぶん嫌いな店員も僕のことを嫌いだと思う。お酒を飲んだら悪口しか書けない。

バーボンの原料は月　月面で死んだ子供はまだいないから

悲しいニュースが流れた日、アンパンマングミを買った。ぶどう味だった。ペラッペラのオブラートを慎重に剝がしながら、アンパンマンのシルエットをした紫色のグミをめくると、透明の容器に型取られたアンパンマンが怒った顔でパンチをしていた。暴力が悲しい。人の命があまりに脆いことが悲しい。さっきまで笑顔だった人が、ずっしりとした物質に帰する瞬間がこわい。手元が少し狂って、オブラートが破けた。それだけで、元に戻らなくなってしまうものがある。

みんなに選ばれた人が暴力を受けた。みんなに選ばれたから、暴力を受けた。ならば、選ぶことは暴力だろうか。書くことが選ぶことなら、書くことも暴力だろうか。だとすれば今僕は、誰に暴力を振るっているんだろうか。

三日月が隠した指紋そのように君の話が分からない午後

何を書きたいのか分からない。こんなに書いてもまだ僕は、書きたいことを一言も書けていないような気がする。

ブロンズのキラキラしたストレートヘアみたいなズボンを穿いた人が立っていて、ああ僕はまたこの街に帰ってきてしまった、と思った。サラリーマンが何人か降りて、ぴったり同じ数だけサラリーマンが戻ってきた。JR横浜線、車内の空間にはまだ少し余裕があるのにドアの周りに偏って密集した人たちが、それでも少しでも隣の人との距離を取ろうとして、きれいな千鳥配置のフォーメーションで立っていた。千鳥配置で人が立っているから、その人たちが履いている靴も千鳥配置で並んでいて、それが千鳥配置で目に入ってきた。ずっと俯いていたから、やけに足元にばかり目が行くのだった。そのどれ一つとして、同じ靴はなかった。この街では、多様性が尊重されている。

太陽と多様が一文字違いなら毒と一文字違いだ孤独は

太陽を避けて歩いて胃は冷えて毒と一文字違いだ僕は

そこに、選ばれていない靴は存在していなかった。みんな、自分が選んだ、または、誰かに選んでもらったから、その靴を履いてそこに立っているのだった。そういうことが、なぜだかずっと少しずつこわい。この街には選択肢がたくさんあって、駐輪場のチャリはほとんど同じ形なのに全部少しずつ違っていて、多様性が尊重されていて、だからこの街では僕もまたかけがえのない個人の一つだということになっている。だけど、家に着くまで僕の座る席はずっとなかった。

選んでも選ばれてもないこの星に生まれた僕が選ぶ内定

選んでも選ばれてもないこの星で選ばれなかった僕が通ります

その1週間前に、僕は宇宙飛行士の選抜試験に落ちた。0次試験での足切り不合格だった。スタートラインにも立てなかった。悲しいと思う資格すらないことが、どうしようもなく悲しかった。この世界には人がたくさんいて、多様だから選びきれなくて、だから選ばれないものがある。千鳥配置で並ぶ靴の中に、選ばれていない靴は存在していなかった。だから、選ばれていないのは僕だけだった。家に着くまで僕の座る席はずっとなかった。僕の席はもうどこにもなかった。

選ばれなかった僕が選ばなかった文章がここに書かれることは、決してない。昼前の部屋が静かだったことも、その時一人だったことも、友人は合格していたことも、すまんと謝られたことも、人生にはBGMが流れないことも、送った激励の言葉も、それが自分を守る言葉だったことも、お祝いでないのに買われたケーキも、ゆるやかな腰の痛みも、ケーキを開ける前に不合格だったと伝えたことも、部屋がやはり静かだったことも、メールも、そこにあった祈りも、それを見て僕が言った言葉も、悪態も、何度となく消した誤字も、その度にした舌打ちも、作品にすることの嘘も、飽きも、ここには書かれていない。もう書かない。そうすれば、選ばれるものも選ばれないものも何もない。

選ばれなかった僕が選ばなかった文章がここに書かれることは、決してない。もう必要がない。選びたくない。書きたくない。これ以上、書きたくない。選んだ言葉から全てを察してほしいのに、選んだ言葉以外は受け取ってもらえなくて、選ばれなかった自分は自分ではない。初めから選ばなければ良かった。選ぶべきものが用意されているのにそれを選べないのは、自分の無能さのせいでしかないから。だからもう、選びたくない。

宇宙にはバラードはない　水際でアップルパイをしずかに洗う

呪／祝いたい

うっとりとした顔で眠る女の子を腕に抱きながら、ダイナミックに鼻をほじる青年を見たことがある。夜の電車の中、それはもうダイナミックとしか言いようのないほじり方だった。第一関節までずっぽり挿しこまれた人差し指は鼻の中を縦横無尽に躍動し、それに合わせて鼻の皮膚がグイグイ伸び縮みしていた。胎児がお腹の内側を蹴ってる時の動きみたいだった。サザエさん一家がエンディングでドタバタと家に入っていく時の、家の動きみたいでもあった。

女の子は、自分の頭上でそんなダイナミック鼻ほじりが繰り広げられているとはつゆ知らず、なおもうっとりと彼氏の腕に抱かれていた。彼氏は、右手で彼女の髪をやさしく撫でたりなんかして格好をつけながらも、左手ではしっかりと鼻をほじり続けていた。車内ではサラリーマンが降りる駅を待っていて、女の子はうっとりしていて、青年は堂々と鼻をほじっていて、サラリーマン、うっとり、鼻ほじ、だから、その二人だけ別の世界のルールで生きているみたいだった。汚いのか美しいのか、面白いのか不愉快なのか分からない光景だった。

僕はその光景を、もう二度と見ることができない。

ある光景を見るということは、その光景が放つ光を眼球に取り入れるということだ。眼球に入れた光で視細胞を刺激して、細胞内のイオンの量を変化させるということだ。そのイオンによる電位をデジタル信号に変換して、脳まで伝達させるということだ。だから、何かを見るということは、本当はとっても頼りないことのように思う。忘れたくない光景、何度も見返したい光景も、絶えず電気信号に変換されては流れ去って、それを留めておくことはできない。どんなに一生懸命目に焼き付けようとしても、視細胞に溜まった電荷をそのまま読み出して保存しておくことはできない。

こんなにも手軽に映像を記録できる世界になったのに、見るということはいつまでも頼りない。パンケーキも、インスタレーションも、夏フェスも、永遠に手元に留めておこうとシャッターを切るけれど、それでもやっぱり、撮っても撮ってもとっても頼りない。これから技術が進んで、仮に網膜の電荷をそのまま読み出して記録することなんかが可能になったとしても、やっぱり見るということはずっと頼りないんだと思う。けれど、頼りないからこそ、見るという行為は今この瞬間を生きる僕らのものであり続けられるようにも思う。

訳も分からず、気づいたら泣きながら母ちゃんと抱き合っていたことがある。大学の前期試験に落ちて、ダメ元で受けた後期試験の結果を見た時だった。オンラインでの結果開示で、父ちゃんは仕事に行っていて、家は静かで、「私は見たくないから一人で見なさいよ」と母ちゃんは素っ気なく言って、僕も母ちゃんも落ち着いていて、本当はそんなはずはなくて、自分の部屋で黙ってパソコンを開いて、Ｗｉｎｄｏｗｓ、呼吸を深くして、目を細めて、恐る恐る、自分の受験番号が、あった、何かを叫んで、それで、気づいた時にはもうリビングで泣きながら母ちゃんと抱き合っていた。リビングの電気はついていなくて、昼下がりの陽が幾度か淡く反射しながら部屋の中を満たしていて、そのように、僕も母ちゃんも細切れに、確かめるように、何度も小さく息を吐いた。

僕はその光景を、もう二度と見ることができない。

屈折しているのにひたむきで、けたたましいのに静謐で、破滅的なのにしあわせな演劇を観たことがある。演劇サークルの同期の作品だった。昔そういうガラスの玉を持っていた。透明なのに先が見えなくて、ひんやりしているのに人間的で、天然の顔をしながら不自然にまん丸だった。そういう演劇だった。そういう矛盾のようなものを一つずつ丁寧に拾い集めて、まとめて全部乱暴に肯定していくような演劇だった。目を背ける客もいれば、涙が止まらなくなる客もいるような演劇だった。凄まじい光景を見たような気がするのに、一体何がどう凄まじかったのかは、いつもよく思い出せなかった。

生きるために演劇を始めた彼は、生きるために演劇を辞めてしまった。だから、僕はその光景を、もう二度と見ることができない。

然しながらお前たちをどんなに深く愛したものがこの世にいるか、或はいたかという事実は、永久にお前たちに必要なものだと私は思うのだ。（中略）だから

——この書き物を私はお前たちにあてて書く。——

生き物は、絶えず循環し続けないと存在することはできない。一旦電源を切って充電するということはできない。だから、存在するということ、この場に在るということだって、本当はとっても頼りないことのように思う。一度でも途切れてしまったらそれでゲームオーバーだから、途切れてしまいそうになったら途切れる前に立ち止まるしかなくて、だから、生きているのに、生きているから僕たちは、どうしようもなく失うことがある。生きるように失って、ちがう、失うように生きて、作ることは苦しくて、力を入れても物理で、美しいものだけがただあったということを認めるだけではいけなくて、頼りない。

こんなにブルーライトを浴びて、僕はどこに行くのだろう。波打ち際のように県道が鳴っていて、夜。押し寄せて、遠ざかって、同じように、タイムラインがうねっている。日本中の誰もが知っている芸能人が死んだ。誰もが知っているのに、それでもやっぱり関係なく死んだ。誰かがそのことを一生懸命悲しんでいて、誰かがモスバーガーの新メニューの話をしていた。

お前たちは去年一人の、たった一人のママを永久に失ってしまった。お前たちは生れると間もなく、生命に一番大事な養分を奪われてしまったのだ。（中略）お前たちは不幸だ。恢復《かいふく》の途なく不幸だ。不幸なものたちよ。

人生は、勝ち目のないサバイバルゲームだ。たくさんのものを犠牲にしながら生き延びて、勝ち残って、仲間ができて、それだけでもう十分なはずで、それなのに最後には絶対になぜかみんなゲームオーバーになる。昔そういうゲームがあった。ゲームセンターのシューティングゲームで、兄ちゃんと二人でなけなしの小遣いを投入して必死の思いで最後までクリアしても、エンディングの最後にやっぱり「ＧＡＭＥ ＯＶＥＲ」と表示されて終わるやつ。人生はそんな感じだ。

だから、みんなもっと絶望してて普通なのに、と思う。最後に必ず負けが確定してる変なゲームにいつの間にか参加させられて、そのくせ将来のことなんかいつも何にも分からなくて、ボーッと存在することも許されなくて、目の前の景色はどんどん通り過ぎていって、そのことにもっと憤ってて普通なのに。

なのに、みんなあんなに生きている。お気に入りの電子タバコとか吸って、風合いの良い古着とか選んで、映画見て、アロマ焚いて、バジル添えて、シャワーヘッド替えて、アイライナー引いて、あんなに前向きに生きている。輝いている。頼りないということはつまり、救いでもある。壊れやすいものしか、僕たちは大事にできないんだと思う。

僕はきっと、そういうことを呪／祝いたいのだと思う。

母ちゃんと聖母を見たことがある。大学の前期試験の合格発表を見に、二人で上京した時だった。上野に、ラファエロの絵が来ていた。僕は生まれて初めて、本物の絵画を観た。それは、何だか分からないけれど、良いような気がした。すごく、良いような気がした。絵のこともキリスト教のことも何にも知らないけれど、すごくキラキラしていることは分かった。

前期試験の合格発表では、僕の受験番号はなかった。喜びに沸く友人たちに水を差さないように、気配を消しながら母ちゃんと一緒に発表会場を後にした。無言で後期試験の受付を済ませ、そのまましばらく街を歩いた。僕はたぶん、この世の終わりみたいな顔をしていた。そんな僕の顔を見た母ちゃんは、「シケた面してねえで、さっさと後期試験に備えんかいボケぇ！」みたいなことを言った。そんな言い方ではなかったけれど、僕にはそう聞こえた。聖母とはあまりにかけ離れたセリフだった。僕のシケた面はみるみる引き攣《つ》り、おかげで急激に緊張感を取り戻した。もし母ちゃんが聖母だったら、僕はあのままダメになっていたかもしれない。

後期試験の本番、正門の前で立ち止まって、母ちゃんが手のひらを僕に向けた。ビンタでもされるのかと思ったけど、優しい顔だった。僕も手のひらを合わせ、ハイタッチのようなことをした。どちらともなく、うん、と喉が鳴った。はい、と小さく答えた。ルーティンでもゲン担ぎでも何でもない、その場の思いつきみたいな浮ついた行為だった。それは、何だか分からないけれど、良いような気がした。すごく、良いような気がした。

僕はその光景を、もう二度と見ることができない。

舞台の裏で、宇宙をのぞいたことがある。大学の演劇サークルの本公演だった。舞台の裏は、ステージに光が漏れないようギリギリ足元が見えるぐらいの明かりしか点いていなかった。狭い舞台裏で各々が息を殺しながら開演を待っていて、だから、近くにいるのにみんなが遠かった。独りだった。開演の曲が鳴って、頭上の灯体の陽がゆっくりと落ちた。光の粒がまばらに現れた。暗転時の目印の、蓄光テープだった。都会の夜空のようだった。それ自体が、一つの作品のようだった。地球は、宇宙の中ではあまりに孤独なのだった。

彼の作る演劇は、屈折しているのにひたむきで、けたたましいのに静謐で、破滅的なのにしあわせだった。黒塗りのモザイクみたいな変なメガネをかけながら拡声器で叫びまわったり、爆音の音楽の中で暴れまわりながら誰かを大声で祝福したりした。僕はシスコンのうざいお兄ちゃんの役だった。いつも妹に鬱陶しがられながら、最後の見せ場ではお兄ちゃんらしいところを見せて、なんだかんだ憎めない奴だった。そういう役を、彼は僕にくれたのだった。

彼は、演劇がないと死んでしまうような人だった。喩えじゃなく、本当に死んでしまいそうだった。演劇を作ることで、命を繋いでいた人だった。彼自身の内にある矛盾のようなものを一つずつ丁寧に拾い集めて、まとめて全部乱暴に肯定しているようだった。彼は、自分の作品を見ている時が一番楽／苦しそうな顔をしていた。だから、彼が演劇を辞めたことを僕は心の底から呪／祝いたい。

小さき者よ。不幸なそして同時に幸福なお前たちの父と母との祝福を胸にしめて人の世の旅に登れ。前途は遠い。そして暗い。然し恐れてはならぬ。恐れない者の前に道は開ける。
行け。勇んで。小さき者よ。（＊1）

頭上の蛍光灯の陽を落とすと、光の粒がまばらに現れた。充電中を知らせる青いＬＥＤ、緑のＬＥＤ、玄関脇のスイッチのオレンジのパイロットランプ、テレビの赤いスタンバイランプ。就寝前のワンルームから、宇宙をのぞく。地球は、宇宙の中ではあまりに孤独なのだった。僕はこの部屋で、何度もそんなことを思ったのだった。こんなに孤独で仕方ないのに、人類はまだ続いている。こんなに孤独で仕方ないから、人類はまだ続いている。

仕方ないよね、なんて割り切れなくて、おつかれさま、なんて言いたくなくて、ただしかし、生命はどうしようもなく連続的でしか成り立たない。立ち止まればそれで終わってしまうから、歩き続けていくことしか僕らには許されていない。

人生は、勝ち目のないサバイバルゲームだ。汚いのか美しいのか、面白いのか不愉快なのか、全然分からないゲームだ。だからせめて生きているうちは、このゲームをせいいっぱい呪／祝いたい。なぜこんなにもどうしようもなく虚／眩しいのかと怯／震えながら、その儚／尊さに怒／浸りながら、せいいっぱい呪／祝い続けたい。

＊1　有島武郎『小さき者へ』

巨人の腰にぶら下がる

あれはたしか新宿の、たしかしみったれた居酒屋だった。その日は高校時代からの友人と、高尾山でも登ろうぜとか言っていたのに、前日になって忙しいだとかなんとか言い始めて、結局二人で飲みにだけ行くことになった。二人とも、大学院に入ってちょうど1年が過ぎた頃だった。研究の話をしていた。

「うちの教授の受け売りなんやけどさあ、」

しみったれてる割には、完全個室を売りにしたような居酒屋だったと思う。

「Ph.D. って Doctor of Philosophy やからさぁ、」

「直訳すると『哲学博士』なんよね」

周りの学生は着々と就活で内定をもらっている中で、僕らは二人とも大学に残って博士課程に進学しようとしていた。

「やから、研究にも自分の哲学がないとあかんねん」

その完全個室は、完全個室とは名ばかりの、申し訳程度に仕切られた空間だった。

「お前のその研究、なんか、哲学感じられへんわ」

周りの客も賑わってなかったから、その友人の声はやけにはっきりと聞こえたような気がする。大学院に入ってちょうど1年が過ぎた頃、僕はその友人の言葉に何も言い返すことが出来なくて、そう、たしかになあ、と静かに遠くを見たのだった。その時の僕は、自分の研究が誰かの何かの役に立つということはなんとなく言えても、自分が研究をやりたい動機なんて考えたことがなかった。

研究って一体何なんだろう、僕にとって研究って何なんだろう、僕がやる意味って何だろう、僕は何をやりたいんだろう、ぐるぐるぐるぐるぐるぐる、そうしてしみったれた居酒屋を出て、小田急線がやってきて、僕はぐるぐると家に帰ったのだった。

研究とは一体何なのか、科学者は一体何をやっているのか、たぶん多くの人にはあまり想像がつかないんじゃないかと思う。かくいう僕だって自分が研究をやるまでは、福山雅治が狂ったように道路に式を書きなぐってる映像ぐらいしか想像できてなかった。だから不思議だった。福山雅治はあんなにあっという間に問題を解決してしまうのに、どうやら現実の研究室というところでは研究者が朝から晩までやることに追われているようで、どうしてたった一つの問題を解決するのにそんなに時間がかかるんだろうか、何をそんなにやることがあるんだろうか、と思っていた。

ただ、実際にやってみたら分かるけれど、研究というのはやっぱりとっても時間がかかる。例えば僕のように宇宙機の制御を研究する分野では、制御工学や力学の基礎をしっかり勉強した上で、アイディアを考えて、シミュレーション用のプログラムを作って、うまく制御できているか確認して、うまくいかなかったらまた別のアイディアを考えて、と試行錯誤しているうちになんかうまく制御できるやり方が見つかったりするわけだけど、それで何パターンかうまく制御できただけではまだまだ研究としては未完成だ。というか、ようやくそこからが研究のスタートだと言ってもいい。

なんでそのパターンではうまく制御ができたんだろうか、逆にうまく制御できない場合はあるんだろうか、うまくいく場合といかない場合の境界はどこにあるんだろうか、どう条件を変えたらもっとうまく制御できるんだろうか、他のやり方では制御できないんだろうか、他のやり方でもできるんならこのやり方は何が優れてるんだろうか、逆に何が劣ってるんだろうか、というかそもそもこの制御ができたからと言って何の価値があるんだろうか……と、こういった問題に一つずつ答えていってようやく研究は形になる。

受験勉強ならただ解けたらもうそれでオッケーなんだけど、研究というのは解けてからがやっと本番みたいなもんなのだ。一歩足を伸ばしては周りを照らして、足場をしっかり固めて、何に向かってどう進んでいるのかを何度もキョロキョロ確認して、そうしてようやく体重をかけて一歩を踏み出す。数式を書きなぐる派手なイメージからは想像もつかないほど、研究は、科学は、慎重に地道に一歩一歩を積み重ねる。

一つの研究の歩幅は大抵小さいけれど、世界中の研究者たちが長年積み重ねた一歩一歩で、科学は今やとんでもなく遠いところまで僕らを連れてきてしまっている。何十光年も彼方の惑星に生命がいるか調べたり、重力波によるものすごく小さな空間のゆがみを観測したり、上空400キロメートルの軌道上にサッカー場サイズの巨大な実験施設を作ったり、火星でドローンを自在に飛ばしたりできるのは、そういう一歩一歩を地道に固めてきた先人たちの努力のおかげなのだ。

眺めの良い7階の研究室に入ると、いつものように大きな西向きの窓が朝を映していた。パソコン一台あれば家でも研究はできちゃうんだけど、最近は少し研究室が恋しいから毎日通っている。朝9時半、まだ誰も来ていない研究室。完全個室とはいかないけれど、デスクを境界線として区切られた僕の領地に腰を下ろす。

相変わらず朝からやることはたくさんあるので、早速パソコンを開いて読みたい論文を探す。Ｇｏｏｇｌｅ論文検索の入り口には「巨人の肩の上に立つ」と控えめな緑色で書いてあって、それはあのニュートンが大昔に言った言葉からの引用らしい。そうしてその検索窓の奥には、何万・何億という数の論文がずらりと並べられている。先人たちの一歩一歩の地道な積み重ねは、今やニュートンの時代とは比べ物にならないほどドデカい巨人を造り上げている。

お前の研究には哲学が感じられないと言われていたちょうどあの頃、僕はその巨人のことがおそろしかった。どれだけ目を凝らしてもてっぺんの見えないその巨人が、化け物のように見えていた。毎日のように世界のどこかで新しい研究成果が発表されていて、そのどれもが「私の手法はこんなにすごいんだぞ!」とか「私の研究はこんなに価値があるんだぞ!」とか言っていて、その論文に載っている数十個の参考文献もやっぱり全部「ほら、すごいだろ!」とか言っていて、専門書にはまだまだ知らないことが山のように書いてあって、その一つを読み切っても別の本にはまた知らないことが山のように書いてあって、そんな世界で「僕の研究はこんなにすごいんだぞ!」と自信を持って言い切れる気がしなかった。科学は偉大で、だけど、偉大なものは、時としておそろしい。

巨人の肩の上のように眺めの良い7階の研究室の窓の外では、着実に朝が過ぎていく。

先人たちがそうしてきたように、あの頃から僕も一歩一歩新しいことを学んで、そのうちに自分でも一歩一歩科学を前に進めることができるようになってきた。

おそろしいと思っていた巨人は、一つ一つの部位を丁寧に見ていけば、案外そんなにおそろしいものではなかった。触ればちゃんと巨人の肌にも体温があって、無機質な鉄の塊ではなかった。あの日、研究にも哲学が必要だと友人が言っていたのは、きっとその体温のことを言っていたのだと思う。科学は、決して冷たい論理の集積ではなくて、科学者一人一人の個人的な熱意の結晶なのだろう。小さな一歩を積み重ねて、僕もようやく巨人の肌に直接触れられるようになってきた。肩の上に立つというよりは、まだ腰ぐらいのところに必死でぶら下がっている感じかもしれないけれど。

フラットアーサー、という人たちがいる。フラットなアース、つまり地球が球体ではなく平面だと主張する人たちのことだ。アメリカでは特に多いけれど、最近は日本でも一定の人数がいるようだ。

彼らは、学校で教えられた知識をただ鵜呑みにする多くの人たちを批判する。ＹｏｕＴ

ubeでは、彼らが地球を平面だと考える理由が数多く語られている。地球が球体だというのは政府のお偉いさんたちによる洗脳で、宇宙飛行士の映像は全てワイヤーアクションで、宇宙機の撮った画像は全てCGで、アポロの月面の映像はスタジオで撮影されたもので、NASAやJAXAで働く僕のような研究者は、政府の陰謀の手先として動く工作員だと言う。そして、その動画を見た科学者たちが、猛烈に反論する動画を上げていて、その科学者をまた嘲笑する動画が上げられて、そうして彼らの間の溝はどんどん深まっている。

球体説論者のほとんどは、自分で実証など何ひとつしておらず、テストで良い点を取ることが正義だと言うまわりの教えにより、教科書に記載されていることを妄信しています。そして、テレビやパソコンに映る宇宙映像にロマンを感じています。

また、長い学校教育で植え付けられた権威コンプレックス（教壇という一段高いところから、「先生」という絶対的権威者が一方的に物ごとを伝える＝冷静に考えるとまるでカルト宗教）により、科学者やNASAの偉い人や宇宙飛行士が、

――こんな壮大な嘘をつくはずがない、と「信じている」だけではないでしょうか。――

科学は偉大で、だけど、偉大なものは時としておそろしい。巨人の姿は今や一人の人間が全貌を見渡すにはあまりに大きくなりすぎてしまっていて、だから、時にそれは真っ黒な影のようにしか見えなくなってしまうことがある。触れてみればきちんと体温は感じられるのだけれど、触れられるようになるまでには相当な訓練が必要で、多くの人にはそれが難しくなってしまっている。科学不信はこれからさらに広がってしまうのかもしれない。けれど、巨人の成長は止まらない。研究者は、研究をやめない。

――支配層は、そう主張することで、わたしたち放牧奴隷の世界観を印象操作し、人間など宇宙の塵である、地球の上で生活する「塵の中の塵」であるという無力感を巧みに刷り込んでいるのです。――

だけど、きっと彼らが異常だというわけではないのだ。きっと彼らも何かをおそれていて、僕と同じで、それはきっと、ままならない毎日で、どうしようもない生活で、そう、あれは、異常だった。高校生の頃の塾の、数学のクラスの、授業、上から2番目のクラスで、それは、とてもおそろしかった。洗脳のような授業だった。

先生から許可が下りるまで教科書に触ってはいけなくて、授業中にノートを取ってはいけなくて、先生の言うことには全員で声を揃えて「はい」と言わなければいけなくて、わかりましたか、はい、いいですね、はい、お前ら一番上のクラスに上がる学力ないんですよね、はい、俺が来る前の先生じゃ成績伸びなかったんですよね、はい、あいつは一番上のクラス上がれましたよね、はい、あいつは俺のこと信じてましたよね、はい、じゃあ誰を信じればいいか分かりますよね、はい、はい、はいはいはいはいはいはいはいはいはいはいはいはいはいはいはいはい。そういう授業だった。

その先生のクラスは成績が良くなると評判で、僕たちは高校生で、親のお金で塾に通わせてもらっていて、だから勝手に辞めることはできなくて、その塾の授業料はとっても高くて、高いお金を払ってもらっているから成績を上げなければいけなくて、けれど学力が足りないから上のクラスに上がれなくて、だから、その先生に従うしかないのだった。まならなくて、どうしようもなくて、尊厳がなくて、無力だった。

とにかく支配層がこういう嘘の主張をするのは、本当は尊い存在である人間が「地球にとっては、ただの害悪かゴミでしかない」という悪意たっぷりの刷り込みをすることが一番の目的である、ということにぜひ気がついてほしいのです。

わたしがフラットアースをあちこちで啓蒙し続けている大きな理由のひとつは、(わたしを含む)奴隷層の皆さまに、「人間は本来、尊い存在であり、地球(フラットアース)は、人間のために作られた巨大な循環エコシステムである」ということに気づいてもらいたいからです。(＊1)

そう、どうしようもなくままならない時、人は巨大な何かに身を委ねたくなるのかもしれない。彼らにとってはそれがフラットアースで、誰かにとってはそれがイエス・キリストで、僕にとってはそれが科学なのかもしれない。きっと彼らが異常だというわけではなくて、きっと彼らも何かをおそれていて、僕と同じで、無力で、ままならなくて、そう、それだけのことなのかもしれない。

研究室の、西向きの大きな窓に陽が落ちる。数式を派手に書きなぐるのでもなく、朝から晩までパソコンの前でもがき続けて一日が終わる。今日も巨人の体をよじよじ登ってみたけれど、まだまだその全貌は見えそうもない。巨人は何もしゃべらない。それでいてその肌にはちゃんと熱がこもっているのを感じるから、やっぱりなんだか憎めないヤツだと思う。

自分がワクワクするために研究をやっていたいと思う。人類を救うために、とか、人類の進歩のために、とか、そういうことは正直全然ピンとこないし。僕には、僕が生きているこの瞬間が一番大事で、そう、その時間をめいっぱいワクワクできれば幸せで、それでまあついでにその個人的な熱意が巨人の体を成長させるものでもあれたらいいな、と思う。それが、このどうしようもなくままならない世界の中での僕なりの抵抗なんだと思う。それが、僕なりの哲学なんだと思う。

＊1　レックス・スミス『【フラットアース】超入門』（株式会社ヒカルランド／Kindle版112、117-119ページ）

おわりに

「ハリー・ポッター」は、1巻の1ページ目で挫折した。昔から、文字を読むのが苦手だ。まだハリーが登場すらしていないところで読むのを諦めたので、もしあのままダドリーが主役だと言われていたらギリギリ信じたかもしれない。当時、「賢者の石」の映画が公開されたころだった。その頃からずっと、文字を読むのが苦手だ。

小説も新書も、タイトルや帯に惹かれて買ってはみるけれど、数えるほどしか読み切れたことがない。誰かの語りに耳を傾けるのは好きだけれど、書かれた文字を脳内で情報に変換するのがどうにもうまくない。一生懸命、文字を目で追うけれど、追っても追ってもツルツル逃げられる。逃げられるから何を書いているかよく理解できなくて、また一行前の文に戻って、ツルツル、ツルツル。そうやってツルツル文字を追い回しているうちに目が回ってきて、結局いつも読むのを諦めてしまう。

言語を、映像として処理しているようなところがある。本を読むときも、書かれている文字から脳内で映像を作り、それを動かすことで状況を理解することが多い。だから、読んでも映像が浮かばない時にはちっとも理解できない。数学も物理も、ほとんど数式を映像に変換して理解している。図形問題のように視覚的に解決できるものは得意なのに、びっしり並んだ数式は丁寧に映像化しないとやっぱりツルツル逃げられてしまう。

だから、ずっと何かを言いたかったけど、その何かを、書くことで表現できるとは思っていなかった。読めたことがないから、書けるだなんて思わなかった。何かが足りない生活を送るうちに、ままならなくてまとまらない言葉はたくさん手元に溜まっていくけれど、それをどうやって人に伝えればいいか分からなかった。そんな訳の分からない個人的な思いをそもそも人に伝えていいのかもよく分からなかった。だから、とりあえずぐしゃぐしゃに丸めて、暮らしの中に詰め込んでいた。

そういう時に、たまたまあるブログを読んだ。サークルの先輩の友人らしき方が書いたブログだった。顔も名前も知らない人だったけれど、Facebookでたまたま流れてきたのだった。それを何気なく読んで、びっくりした。鮮烈だった。可笑しかった。軽快なのに、重量感があった。そして何よりも、文章なのに、滞りなく読むことができた。映像を鮮明に再生できた。ツルツル逃げられることなく、一文一文の手触りを確かめながら一歩ずつ前へ進むことができた。びっくりして、そのままその人のブログにあった文章を一気に全部読んだ。当時はたしか4つか5つぐらいの文章しかアップされていなかったけれど、どれもやはり滞りなく読むことができた。知らない人の個人的なことばかり書いてあるはずなのに、他人事のように思えない緊張感があった。それがエッセイとの出会いだった。6年前、このワンルームに引っ越す少し前のことだった。

これなら自分も書きたい、ということと、これなら自分も書ける、ということを同時に思った。まとまった文章なんか一度も書けたことがないくせに、なぜだか書ける自信があった。あんなに鮮烈な文章に、これまで出会ったことがなかったからだと思う。個人的なことでも、こんなに面白く書けるんだ、書いていいんだ、人に伝えていいんだと、初めて気づけたからだと思う。そうして、ぐしゃぐしゃに丸めてあった言葉を一つずつ広げてみた。そこには結構面白いことが書いてあった。情けないことや恥ずかしいことばかり書かれていたけれど、思い切って誰かに見せてみたいと思った。本を出すことなんて、考えてもいなかった。ただ夢中だった。必要だった。

そうしてブログを始めてから3年後に、この本にも収録されることになる連載を始めた。東大のオンラインメディア「ＵｍｅｅＴ」の杉山大樹さんに声をかけてもらって始まったものだった。僕が細々と好き勝手に書いていたブログを読んで、うちでも好き勝手に書いてよ、とピカピカの舞台を提供してくれた。ＵｍｅｅＴ担当編集の竹村直也さんは、いつも僕の原稿に真っ先に「良いですね！」と言ってくれて、連載にまつわる数々の試行錯誤にも快く対応してくれた。ＵｍｅｅＴでの連載「宇宙を泳ぐひと」をきっかけに、それまでの3年間よりも遥かに多くの方に文章を読んでもらえるようになった。この連載がなかったら、この本が出版されるきっかけもなかった。ずっと味方でいてくれたお二人に、心から感謝したい。

さらに2年後、太田出版の藤澤千春さんが書籍化の提案をしてくれた。最初はちょっとした助言ぐらいかと思って、「いつか本になったりしたら良いですねー」なんて呑気に受け答えしていた僕に、「助言なんかではなく、一緒に考えたいです」と言っていただけたその熱量がずっと忘れられない。「OHTABOOKSTAND」の連載では、自分の中でさらに様々な試行錯誤を行ってみた。藤澤さんは、その試みの全てを肯定してくれながら、要所では粘り強く改稿提案をしてくれた。おかげで、連載時よりも見違えるように良くなった文章がある。自信を持ってこの本を出せるのは、間違いなく藤澤さんのおかげだ。

本を読むのが苦手であるだけに、せめて自分の作る本は、読む人との距離が遠くならないように作りたかった。その意図は、装丁を担当してくださった鈴木千佳子さんが丁寧に具現化してくれた。表紙の絵のごちゃまぜ感が、本当に僕の散らかったワンルームみたいで、とても気に入っている。

そして何よりも、僕が好き勝手に書いた文章を面白がって読んでくれる皆さんに感謝したい。読むのが苦手とか言ってるくせに、こんなに長い文章を読んでくれと人には頼んでしまっている。だからこそ、時間と感情のリソースを割いてくれることが、本当にありがたいと思う。読むことが当たり前でないということをよく知っているから、本当にありがたいと思う。

この本には、僕の家族に関するエピソードをいくつも書いている。だから、家族には迷惑をかけてしまった。つい余計なことまで書いてしまって、不快な気持ちにさせたこともあった。それでも家族は、僕が好き勝手に書くことを認めてくれた。人生の数々の局面で、家族はいつも僕の選択を尊重してくれている。それがどれほど幸運な、壮大な偶然であるかを、歳を重ねるごとにより一層強く嚙み締めている。

僕の頭には今、この本に関わった、ひいては僕のこの人生に関わった皆さんの顔がはっきりと浮かんでいる。だから、文字を読むのが苦手で良かった。文字を読むのが苦手だからこそ、こんなにも鮮明な映像がいつでも僕の中にはある。文字を読むのが苦手だからこそ、僕はこの鮮明な映像をできるだけ鮮明なまま文章に焼き付けようと努力できる。だから、「ハリー・ポッター」が読めなくて良かった。いや、やっぱり「ハリー・ポッター」ぐらい読みたいな。まだダドリーしか出てきてないからな。

自分がどこまで書けるか、どんなものを書けるか、もう少し試したい。だから、これからもいろんな映像を焼き付けようと思う。

本書中の、「あの日、宇宙人になれなかった僕へ」「父ちゃんとじいちゃんとコロナと太陽」「カオスと後悔の物理学」「ガウスびっくり、僕らぐんにゃり」「フィボナッチ、鹿児島の夏」「お布団が好き、で、トレミーの定理」「重量リソース／有限の愛（システム設計）」「影を見ている⇔自分を見ている」「ノンホロノミック、空を飛ぶ夢」については、東大発オンラインメディアUmeeT（https://todai-umeet.com/）にて2020年2月～2021年12月に連載されたものに、「ワンルームから宇宙をのぞく」「宇宙の旅行、十字の祈り」「糸川英夫と、とある冬の日」「後輩クンとはやぶさとバブル」「巨人の腰にぶら下がる」「ボイジャー、散歩、孤独、愛」「選んでも選ばれてもない」「呪／祝いたい」についてはOHTABOOKSTAND（https://ohtabookstand.com/）にて2022年3月～12月に連載されたものに、大幅な加筆・修正を加えたものである。

久保勇貴

くぼ・ゆうき

1994年、福岡生まれ、兵庫育ち。JAXA宇宙科学研究所研究員。

2022年、東京大学大学院・博士課程修了。博士(工学)。

宇宙機の力学や制御工学を専門としながら、

JAXA宇宙科学研究所のさまざまな宇宙探査プロジェクトに携わっている。

ガンダムが好きで、抹茶が嫌い。

大きな音はもっと嫌い。

ワンルームから宇《う》宙《ちゅう》をのぞく

2023年3月25日 第1刷発行
2024年9月30日 第3刷発行

発行人　森山裕之

発行所　株式会社太田出版

160-8571　東京都新宿区愛住町22　第3山田ビル4階

電話　03-3359-6262　Fax　03-3359-0040

HP　https://www.ohtabooks.com/

印刷・製本　中央精版印刷株式会社

ISBN 978-4-7783-1856-7　C0095

装　丁　鈴木千佳子

編　集　藤澤千春